JN269739

CREATORS LIBRARY 05

都市モデル読本
栗田 治 著

Urban-Model Reader
KURITA Osamu

共立出版

はじめに

本書は都市・地域と建築空間の造形にかかわる数理モデルを，特論の形式で記述したテキストです．都市計画，建築計画，オペレーションズ・リサーチ，管理工学あるいは経営工学を学ぶ学部学生・大学院生に加えて，広く社会モデルに興味をお持ちの読者を想定しています．

都市や建築のあり方について，その現状を分析したり将来計画を立案しようとすると，避けて通ることができない重要なテーマ群が自ずと存在します．そのなかから都市施設の適正配置・移動距離の分布・交通容量の設計原理・人口動態・都市人口分布という具合にテーマを厳選し，次のような方針で記述しました．

- 平易な解説を目指すが論理は疎かにしないこと
- 初学者にもわかりやすいように懇切・丁寧に述べること
- コンピュータによる具体的な計算にも十分に役立つよう配慮すること

形式論理のみならずモデル分析の心意（こころ）がお伝えできるように，図や模型を多用して解説しているのも本書の大きな特徴です．さらに各章が読み切り形式で記述されているため，どこからでも気軽に読み始めることができます．章の冒頭には"解題"として，その章の内容の核心をわかりやすく簡潔に記しました．読者の皆さんは，これを目安になさり，興味の湧いた章からお読み下さい．あるいは本書をパラパラとめくって，興味の湧いた言葉や面白そうな図のある章からスタートなさっても結構です．

本書のような内容は，都市工学や建築学のなかで"都市解析"と呼ばれる学術分野に属しています．あまり人口に膾炙している言葉ではないかもしれません．都市解析とは，都市を成り立たせている要素に関するソフトな仕組みを取り上げ，それらの在り方が決定される原理を明らかにしたり，あるべき姿が持つ数学的構造を簡潔に記述することを旨としています．この分野の学者たちは，結果を現実の制御に役立たせること

のみを目的とするのではなく，結果そのものがもたらす知的なカタルシス(魂の浄化)に重きを置いているように思われます．工学分野にあっては異色の学問といえるかもしれません．そうした雰囲気をも本書から感じ取って頂けたら幸いです．

　都市・地域や建築の学術のスペクトルは実に広範囲にわたります．このささやかなテキスト1冊でそうしたテーマのすべてを網羅することはもとより不可能です．しかし，本書をお読み下さればおわかりのとおり，テーマを絞り教材を限って述べた本書の各章の内容でさえ，具体的な都市空間・建築空間への適用の可能性は大きく，モデルの発展の余地も潤沢に存在しているのです．特に若い読者の皆さんは，筆者たちの成果を乗り越えて，次代の新たなる潮流を生み出す力を発揮して下さい．本書が僅かでもそのきっかけを提供することができれば望外の幸いであります．

2004年2月

栗田　治

目次

はじめに

序章　都市の数理モデルと研究のエートス　1
第1節　現実世界から数理モデルへ　5
第2節　都市モデル研究のエートス　10

1章　ヴェーバー問題と模型解法　13
第1節　施設配置問題の作成　16
第2節　施設配置の物理的模型　18
第3節　数理モデルによるヴェーバー問題の求解　22
第4節　結語　28

2章　1次元都市と2次元格子状都市のヴェーバー問題　31
第1節　1次元上のヴェーバー問題　34
第2節　1次元のミニマックス型施設配置問題　38
第3節　格子状道路を持った2次元都市のヴェーバー問題　40
第4節　結語　42

3章　複数施設のミニサム型配置モデルとミニマックス型配置モデル　43
第1節　ミニサム型複数施設配置問題の定式化　47
第2節　ミニマックス型複数施設配置問題の定式化　54
第3節　数値例　56
第4節　結語　62

4章　連絡通路と距離分布の作法　63
第1節　連絡通路の基本モデル　66
第2節　ビル間デッキの最適配置モデル　72
第3節　発展　80

5章　奥平のエレベータ断面積モデル　81
第1節　はじめに　84
第2節　定式化　85
第3節　1人当たりコストを最小化するビルの高さ　88
第4節　ディベロッパーの利益最大化問題　90

6章　人口成長の微分方程式モデル　95
- 第1節　トレンド法による将来人口の予測　98
- 第2節　線形成長　100
- 第3節　指数的成長曲線　101
- 第4節　ゴンペルツ曲線　103
- 第5節　定数項つき指数曲線　106
- 第6節　定数項つきゴンペルツ曲線　108
- 第7節　ロジスティック成長曲線　111
- 第8節　現実例　114

7章　人口動態のコーホート要因法モデル　121
- 第1節　コーホート要因法の定式化　124
- 第2節　コーホート要因法の適用例　129

8章　人口分布の経験式　133
- 第1節　人口分布への連続関数の当てはめ　136
- 第2節　Clark の式　138
- 第3節　Sherratt-Tanner の式　140
- 第4節　Newling の式　142
- 第5節　東京圏における地域人口メッシュデータによる計算　144
- 第6節　人口密度関数の極座標系での取り扱い作法　147

9章　道路パターンと距離分布の理論　153
- 第1節　典型的道路パターン　156
- 第2節　円盤都市内の距離の数理モデル　161
- 第3節　距離分布の導出と特性の解明　167
- 第4節　道路パターンの比較　181

参考文献　184
索　引　190

Chapter 0
Mathematical Urban Models and Study Ethos

序章　都市の数理モデルと研究のエートス

解題

　　本書の各章の内容は，都市に存在する事物や人間にさまざまな角度から光を当て，数理モデルによる分析を行う，というものです．**都市や建築の理想的な造形**といった内容を追求するためには，いきなり全体論的な接近をしても（一部の天才の技は別として）多くの場合，抽象論に帰着してしまい，得るところが少ないのではないか，と筆者は考えています．次善の策として，対象を絞りテーマを限って要素同士の関係を記述するモデルを作るべきだと考えているのです．また，誰にとってのモデルか，という点（すなわち問題の所有者）も極力明確に設定すべきです．こうした態度を一言で言うと，"明確なる目的を伴う要素還元主義"となるでしょうか．巷では要素還元主義の限界が種々の局面で語られています．それはそれで科学の本質にかかわる重要な批判といえるのでしょう．しかし，こと都市・地域・建築といった具象的で造形的な対象に関していえば，いまだ要素還元的な学術が極北にまで進展しているとは言い難い．少なくとも現状では，素朴なモデル分析をもっと充実・拡大させていく意義があるものと考えられます．

　　さて，ここでモデルという言葉を用いていますが，読者諸兄／諸姉のなかにはモデル分析というものに疎遠な方もおられるでしょう．実はこれはプラモデルのモデル（模型）と同様の概念です．実際，少し古風な書物のなかには数理模型とか数学模型といった記述も散見されます．プラモデルの本質は，現物を真似て，適当な縮尺で外観と構造を再現する点にあります．ただし現物のすべてを再現するわけではなく，大切な部分や性質だけを吟味して設計するのが常です．すなわち，元の対象には存在していたものがプラモデルではバッサリと切り捨てられていたり，切り捨てられないまでもデフォルメされていたりします．にもかかわらず再現されたモデルを見たり触ったりする人に現物を想い起こさせるの

は何故でしょうか．それはモデルのなかに何らかの本質（プラトンの言うイデアに相当するもの）が保存されているからだと思われます．

　注意すべきは，現実のすべてを集めたのではモデルではなくなってしまう，という点です．アイルランド生まれの薄幸なる天才英国人，ジョナサン・スウィフトの名作『ガリヴァー旅行記』第三篇「バルニバービ渡航記」では，言語による説明を廃して「実物」を携行することによって相手に用事を伝える，というおかしな研究が紹介されます．ガリヴァーは2人の研究者が「行商人よろしく背中に担いだ荷物の重みでほとんど倒れかけているのを」目撃する．すなわち，現実をそのまま持ってきたのではダメなのです．致命的に大切なのは，事物の大切な部分や性質だけを取り出し，取り出したパーツ（部品）同士の関係を考察することによって本質（イデア）を理解しようとする点にあります．

　たとえば，周知の"ニュートンの万有引力のモデル"もこうしたモデルの一つであることは言うまでもないことです．二つの物体の質量 m_1, $m_2[\mathrm{kg}]$ を質点（面積や体積を持たない点←これがフィクションであることには刮目すべきです）で代表させ，質点間の距離 $d[\mathrm{m}]$ に着目します．このとき，物体間に働く力の大きさが $f = Gm_1m_2/d^2$ と表される（単位は N（ニュートン））というのが"万有引力の法則"の数学的表現です（ただし，$G = 6.6720 \times 10^{-11} \mathrm{Nm^2kg^{-2}}$ は万有引力定数）．このモデルが，物体の材質・色・臭いといった情報を捨て去っていることは言うまでもないでしょう．にもかかわらずこのモデルは現象の理解と制御に見事に役立っています．まさにイデアをえぐり出したものといってよいでしょう．

　一方，モデルには「余分な情報を排除し，思考のために用いる技術」という側面もあります．物理学に見られる見事なモデル分析は科学の諸分野で良きお手本になってきました．特に経済学は物理学の実に忠実なる追従者であったと思われます．しかし，あらゆる科学が物理学の方法論すべてをお手本とせねばならない，という訳でもない．たとえ厳密な実験ができずとも，人間心理に根を置く洞察や，常識的な経済原則から出

発してモデルを構成し，さまざまな思考実験をしてみる．そうして描かれるシナリオが都市や建築の造形にかかわるアイデアの源泉となれば，そうしたモデルにも存在意義が立派にあるのではないでしょうか．モデル分析は物理学とその周辺の科学の専売特許ではなく，社会現象を扱う分野でも誠に重宝なものであると申し上げたいと思います．

第1節　現実世界から数理モデルへ

本書のテーマは都市のモデル分析である．具体的には，都市の事物の本質を解明したり設計の指針を得るために数学を利用する．ただし本書は具体的な計画の立案や問題解決を突きつめて考察している訳ではない．むしろゼロから出発してモデルを設計し分析を行うための初等的な（それ故に重要な）方法論に重点を置き，どちらかというと初学者向けに記述している．すなわち1章以降の内容は決して到達点ではなく，読者諸兄／諸姉の最終目標に向けた通過点であらねばならない．であるからには，モデルの各論を追求するのみならず，モデル分析とはそもそも如何なるものであり，到達点に向けてモデルをどのように用いていくか，という枠組みの記述が必要であると考えた．そのために先ず，数理モデルの (1) 利点，(2) 利用上の留意点，(3) モデル分析のための努力の方向性，といった内容を解説する．

1.1　都市の数理モデルが持つ利点

まず，数理モデルの利点を列挙しておく．

【1】 要因同士の関係を（定性的な思考では到達し得ないレベルまで）同定することが可能である．

【2】 制御変数を明示的に組み込むことによって，政策の効果を予測できる．

【3】 モデルの前提条件や制約条件が共通であれば，時間的／空間的に異なる対象に対して，モデルを移植して利用することができる．

【4】 現実には存在しない（あるいはかつて存在した）都市構造を前提として，都市住民が享受するサービスの水準やエネルギーの消費

水準などを把握することができる．

【1】は数学という言語が持つ，数値化・論理性・操作性といった美徳によるものである．ある量 x が増えれば別の量 y が増えるだろうといった定性的な記述に止まらず，具体的に y は x の如何なる関数であるかを特定することの効用は大きい．【2】は【1】と密接につながっている．複数の代替案ごとに結果を見積もったり，数値で表される努力水準の変化がどの程度結果に反映されるかを推測したり（これを感度分析という），誠に実践的なモデル分析といえる．【3】はモデルを別の時点や別の場所に（そのまま，あるいはわずかな修正を施した上で）適用しよう，という内容を意味する．ゼロから仕立てるオート・クチュールよりもプレタ・ポルテのほうが安くあがることは言うまでもない．モデル研究の目指すものはプレタ・ポルテとその微修正の体系を作ることといってよい．【4】はルネサンスの人文主義精神に端を発するものであり，何処にもない理想郷を思弁的に分析するという内容である．ユートピアの系譜を数学言語を通じて探る．こうした研究は，精神にカタルシスをもたらすと同時に，現実世界での努力目標を示唆してくれるのである．

1.2 数理モデルの留意点

次に数理モデルの留意点と，努力の方向を考えるために，現実世界と数理モデルとの相互関係を見てみよう（図 0.1）．

図 0.1 の (1)〜(4) を説明する．

(1) 観察・整理　何をもって現実とするかは当事者の観察力や整理能力（不要な要素を捨て去る力）に依存して決まる．そして問題意識を持たない者にとっては，その現実は存在しないのも同様である（にもかかわらず現実は早晩その者に降りかかってくるのがせつない）．現実を見るには（そして解くべき問題を明示するには）(a) 問題意識を持って（誰にとっての問題か，という価値観を明確に意識して），(b) 関係する諸要

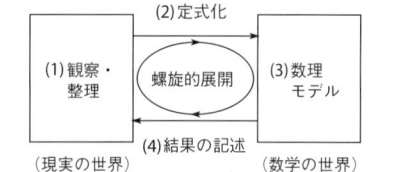

図 0.1　現実と数理モデルとの関係

因を抽出し，(c) 問題の定義（言語による記述）を行うことが必要である．強調すべきは，(c) 問題の定義のためには国語の力が何よりも重要である，という点である．

(2) 定式化　モデルの定式化はそこで用いる数学の道具立てに強く依存する．豊富な道具を持つと同時に，どの道具でモデルを構築すれば解きたい問題が解けるか，を知らねばならない．さらに言えば，モデルの見かけ上の緻密さをどのレベルに設定するのか (micro-scopic, meso-scopic, macro-scopic) とか，線形近似するか非線形モデルとするかとか，離散モデルか連続モデルか，…といった選択肢を前提として，適切なる定式化を選択せねばならない．ここでいう"適切"とは時間と貨幣のコスト制約を満足し，かつ必要な記述力を確保する，という意味である．

(3) 数理モデル　数学の世界での操作を行う．とりあえずは現実世界のことは考えなくてもよい（考えても意味がない）．

(4) 結果の記述　現実世界に戻ってくる．このときモデルの適合性や政策の実行可能性が評価されねばならない．この作業を行うには，数学の世界から現実の世界への橋渡しをするために（またしても）国語力が要求される．ある碩学曰く「工学とは説得の技術である」←じゃあ理学って何だろうね？納得の技術かな？

　上記の (4) の結果が的を射たものでない場合は（←初段階の定式化においては九分九厘そうである），現実の観察をやり直したり整理の仕方を変えてみたり適用する数学を変えたりして，もう一度定式化をやり直すことになる．そして再度現実を記述して，的を射ているかどうかを確認する．こうした作業をモデル分析の目的が達せられるまで（時間的・貨幣的コストが許す限り）続けていくのである．(1) → (2) → (3) → (4) → (1) → (2) →…という循環を繰り返しながら帰納と演繹のレベルを徐々

に高めていく訳であり，こうした営みは**螺旋的展開**と呼ばれる．

1.3 努力すべき点

以上のシナリオに基づいてモデル分析の当事者が努力を傾けるべき点を列挙してみる：

- 問題意識を持つ．←筆者の二つの仮説：【仮説1】何を問題だと思うかは，個人の歴史観，価値観と自らが置かれた環境が決定する；【仮説2】問題意識の強さと持続性は，個人の人生へのこだわりの程度や好奇心の強さが決定する．ところで問題意識というものは意識して持てるものだろうか？これは少し深刻な悩みである．少なくとも，これら仮説の構造を理解することは，個人が（その価値観に応じて）問題意識を持つことにつながるものと筆者は思っている．他者へのこだわりは自分自身へのこだわりから生ずるのである．

- 国語力（何が起きているのかを正確に記述する力）を身につける．←そのための要件：正しい日本語文法を習得することが必要．人は自らが操る言語のレベルを超越した思考を営むことはできないのだ．そのために若い皆さんに是非とも読んで欲しい重要文献を紹介する：「S. I. ハヤカワ（1985邦訳）：思考と行動における言語（第4版），岩波書店」．この書物で詳細に分析されている（言語表現が持つ）感化的内包という概念を正しく理解することは，国語を正しく用いるために役立つだけでなく，自らの思想をモデルに反映させるためにも致命的に重要であると思う．

- 取材の技術を習得する．←文献探索，ネット探索，社会調査などの作法．メモの取り方やまとめ方に関して確乎たるスタイルを持つべし．これについては，形が先行して本質が後からついてくる，という茶道にも一脈通じるものがあると思われる．

- 使える数学の道具立てを増やす（代数学，解析学，確率論，数理統

計学，数理計画法，微分方程式論，離散数学等）．←使ってみることが大切．定理の証明は後回しにして，定理の内容と使い方を絵に描いて理解し人に伝えてみる，そして直ちに現象の記述に使ってみる．こうした態度も許されると思う．またC, Basic, Fortran等の高級言語のみならず数式処理ソフトウェア（Mathematica, Maple, Matlab, Reduce, Maxima等）の利用も積極的に！

- 既存の数理モデルを知ることにより，定式化の作法を学習する．←先達の知恵の継承と深化！

第2節　都市モデル研究のエートス

　当然のことながら，本書で取り上げる数理モデルの内容は都市や都市工学に関して網羅的なものではない．あくまでもソフトな数理的モデル分析に特化した各論を展開しているに過ぎない．学問としての都市工学のスペクトルは，かなり広い．加えて，そもそも学問研究のあるなしにかかわらず，都市とその住民は存在している．そして住民の日々の暮らしのなかには，その場で刹那的に対応しなければならない事態が次々に生ずるのだ．

　あまり良い例とも思えないが，通学中の児童たちが自動車交通の所為で危険な目に遭っているものとしよう．当然，先ず成すべきことは，(1) 子供たちに危険回避の作法を教える，(2) 付近が通学路であることを示す掲示板を設置する，(3) ガードレール等の設置を検討する，(4) 学校関係者や保護者が監視活動を行う，といったことである．そして，これらの大切な事々に対して学問研究を大上段に振りかぶっても，そのなし得るところはそれほど大きくないように思われるのである．しかし，こうした"子供たちの危険"をある地区に固有の特別の問題として捉えるのではなく，本邦の都市構造に内在する普遍的なものであると捉えると，話は俄然異なってくる．何故に通学児童がそこら中で自動車に脅かされているのか，を根本に遡って考えると

1. そもそも歩行者と自動車が同じ道路空間を共有した都市構造となっている
2. 一つの人命と社会の経済活動とでは後者が重視される社会背景が存在する
3. 自動車（という機械）と道路（というインフラストラクチャー）の組み合わせはそもそも不完全である

といった認識に至るかもしれない．こうした認識からスタートして，普遍化・一般化した議論を展開していくのが学問であり研究である（と，少々乱暴だが言い切ってしまおう）．学問の方向性としては，次のような内容が考えられる：

1. 歩車を分離する都市設計法の研究←その重要な成果が『近隣住区論』
2. 現代社会の非連帯の社会病理学的研究
3. 自動車の安全走行にかかわるソフト／ハード両面からの研究

さらに言えば，都市にかかわって現在みることのできる諸々のことは，自然現象とは異なり，人間の営みの歴史的な帰結である．勘違いしていただきたくないのだが，筆者は人間にかかわる事象が自然の法則を逸脱していると主張しているのではない．都市や人間にかかわる事象を自然法則のみによって説明することは，多くの場合困難である，ということを強調したいのだ．すなわち，上記のような研究方向を探るに当たっては，歴史学や文明論からの眼差しや人間の価値観そのものに関する洞察が必要となるに違いない．←何せ簡単には実験できない事柄ばかりを取り扱わなければならないのだ！その意味で，都市にかかわる学問には（表面上は理工学的作法を用いているとしても）実験科学とは少しく異なったエートス（価値観／行動様式／作法／やり方）が付帯しているといわねばならない．

　さて上述のように，都市を取り巻く人間の前向きな営みには，(a) 日常を支える刹那的な努力と，(b) 中・長期的な都市構造のあり方を模索するための学問研究とがある．前者は目の前で困っている人々に即座に手を差し伸べる良き人間性の発露であり，後者は中／長期的に都市構造に手を加えたり新たな地域／地区を設計することによって人々の幸せや安全を確保しようとする志の向かうところである．この両者は，ともに大切なものである．ただし，本書が取り上げるモデル群はもっぱら後者 (b) に特化している．

⇓

ここで都市工学／都市解析分野の先達が残された大切な言葉を紹介しておこう．

<u>故・奥平耕造先生の言葉</u>:
　都市計画は理解したり，人に教えたりすることが困難な多くの部分と客観的に理解し説明できる少しの部分とから成り立っている．

Chapter 1
Working Model for the Weber Problem

1章 ヴェーバー問題と模型解法

解題

本書における都市モデルの最初の特論として，ここではヴェーバー問題を取り上げて解説します．ここで取り上げるモデルは

- 2次元の都市平面上で
- 移動コストを直線距離で計量化するときに
- 客の総移動コストを最小化すべく
- 単一施設の位置を

決定するための数理モデルです．移動コストの総和 (summation) を最小化する (minimize) ので，ミニサム型施設配置問題 (minisum location problem) とも呼ばれます．

ヴェーバー問題という名称は，ドイツの経済学者アルフレート・ヴェーバー (Alfred Weber) に由来します．この人は，人類史上でも特筆すべきかの碩学マックス・ヴェーバー (Max Weber) の弟です．兄弟揃って優秀だったのです．A. ヴェーバーは『工業立地論』という書物のなかで，原材料の供給地点と市場の地点とを所与として，工場の立地場所によって経営者が負担する輸送コストが異なる様子を記述するモデルを作りました [101]．この書物が著された20世紀初頭には，まだ数理的な最適化にかかわる数学理論やアルゴリズムは発達していませんでした．したがって，ヴェーバーによる問題の取り扱いは数学的には初等的なものに過ぎません．しかし，そこには後世に一連の施設配置モデルを開花させるためのアイデアがきちんと盛り込まれていました．

以下ではヴェーバー問題を，先ずは数式をほとんど用いずに定式化し，物理的な模型（アクリル板とミシンのボビンと糸を材料とする文字通

りの模型です）を用いて解の本質をえぐり出します．そこでは，ヴェーバー問題の最適解が，力ベクトルの釣り合いという物理的な特性を持つことが明示されます．人間の営みを総移動コストの最小化という切り口で分析していくと，背後に物理的に解釈できる論理が流れていた，という内容であり，これは誠に興味深いものです．しかも，この模型による分析は，数学を全く知らない子供たちでさえその本質を理解できる，という美徳を持っています．**施設配置に関する造形の論理を，万人に納得できる方法で伝えたい．**そうしたエートスをご理解いただければと思います．

　続いて，数学を用いたモデルの定式化に焦点を当てます．そして，物理的な模型が導いたのと同様の結果が，数学の形式論理からも導かれることを証明します．何故にこうした二つの説明原理を並列するのか？それは (1) 物理的（あるいは幾何学的）直観と (2) 形式論理の操作，の両者はモデル分析を行っていく上での車の両輪だと考えるからです．すなわち**直観的説明は新たなモデルを生み出す原動力として，形式論理操作は個別のモデルが無謬なる結果を与えるための知的インフラストラクチャーとして機能する**のです．

　施設配置のモデルは，(1) 前提とする都市の次元，(2) 配置すべき施設の数，(3) 移動コストの定義，(4) 人々のコスト負担の公平性，といったさまざまな内容のヴァリエーションを持っています．それらの一部は2章と3章でも取り上げ解説します．本章はこのようなヴァリエーションを追求していくための基礎という意義も持っています．

第1節　施設配置問題の作成

まず人々が集まって利用するような施設を何か思い浮かべてみよう．これらは例えば市民ホール，美術館，公民館などという都市施設である．そしてこれらの施設の特徴は，その地域に住む人々だれもが同じように利用する，ということである．

いま，ある町に $U_1, U_2, \ldots, U_n$ の n 人が住んでいることにする（利用者：User の頭文字を用いた）．この n 人が集まる都市施設の位置を点 F で表すことにし（施設：Facility の頭文字を用いた），図 1.1(a) にその様子を示す（この図は $n = 6$ の場合の例）．

このとき n 人は施設を利用するためにどれだけの距離を移動せねばならないか？いま，これらを直線距離で測ることにし，その値を図 1.1(a) にあるように，$d_1, d_2, \ldots, d_n$ と呼ぶことにする．

さて，以上の準備の下で，n 人が一度ずつ施設 F を訪れた場合の距離の和を T とすると

$$T = 2 \times (d_1 + d_2 + \cdots + d_n) \tag{1.1}$$

となる．式 (1.1) で d_1 から d_n までの和を 2 倍にしているのは，施設から家まで帰ってくる距離も考えたからである．人々の移動の速さが共通の場合は，T が小さいほど人々が移動に費やす時間も短くなるし，疲れる量も小さくなる．また人々が自動車で移動したとすると，ガソリンの消費量や排気ガスの発生量が T に比例することは言うまでもない．距離の和 T は社会の便利さや環境の保全を考える上で重要な指標なのである（物事の見当をつけるための目印（数値）を指標という）．

さて，ここで施設が図 1.1(a) の F ではなく，図 1.1(b) のように F' にあったとする（記号 "′" はプライムと読む．F' はエフプライム）．このとき，人々の位置から施設までの距離が $d_1', d_2', \ldots, d_n'$ となったと

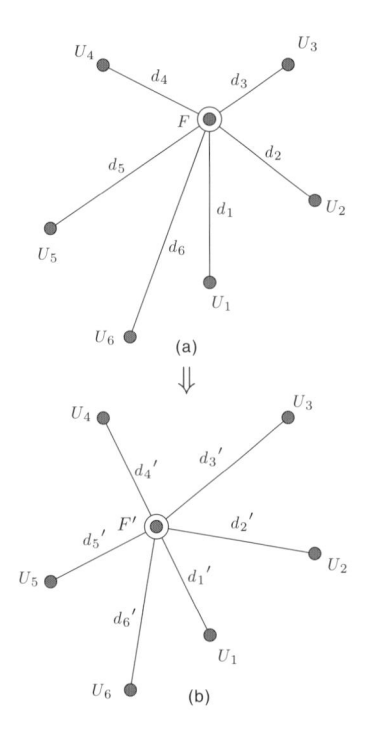

図 1.1　住民の位置と施設の立地点（$n = 6$ の場合）

しよう．この場合の距離の和を T' とすると，当然

$$T' = 2 \times (d_1' + d_2' + \cdots + d_n') \tag{1.2}$$

である．ここで，もし T' のほうが T よりも小さな値だったとすると $(T' < T)$，皆が同様に集まる施設の位置としては F よりも F' のほうが優れていることになる．何故ならば，F' に施設を置いたほうが，移動時間の和も小さくなるし，ガソリンの消費量や排気ガスの発生量も小さくなるから．

以上の考察から，自然に次の問題が浮かび上がる：

【距離の総和を最小にする施設配置問題（ヴェーバー問題）】
　　施設の位置 F を平面上でいろいろに動かして，n 人からの距離の総和 T を最も小さくするような F を見つけよ．

上で，私たちは現実世界から，"人の位置"，"施設の位置" という大切な部品を抽出した．そして "人から施設への距離" に着目して，施設の位置が与えられれば距離の和 T が決まる，というモデルを作った．つまり **"施設を何処に配置すれば距離の和がどんな値となるか"**，を決める仕組みを（現実を真似て）作りあげたのである．その意味でこのようなモデルを **"施設配置モデル"** と呼ぶ．施設配置モデルが一丁上がり！

次節では，直観的に理解することが容易で，かつきちんと解が得られる便利な模型（文字通りの模型）を用いてこの問題を解くことにしよう．

第 2 節　施設配置の物理的模型

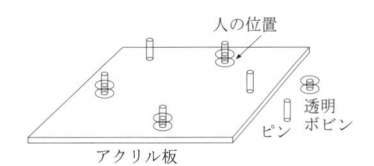

図 1.2 施設配置の模型（透明ボビンは住民の位置）

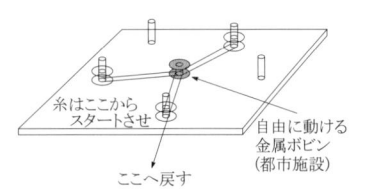

図 1.3 ボビンへの糸かけ（金属ボビンは施設の位置）

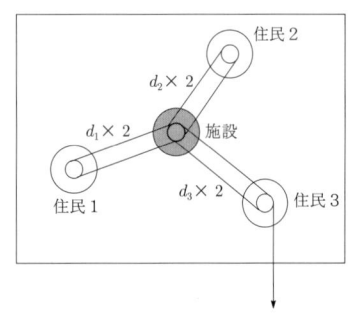

図 1.4 モデルの解釈（$T = 2 \times (d_1 + d_2 + d_3)$）

　図 1.2 に示す模型は，工作の容易なアクリル板の上に複数個のピンを（接着剤で）固定したものである．そして，そのうち 3 個のピンには透明なボビン（ミシンの下糸を巻き取るための部品）がはめられている．この三つの透明ボビンが 3 人の住民の位置であるとみなして欲しい（$n = 3$）．ボビンを他のピンにもはめれば 4 人，5 人という場合にも対応できる．また，ピンをあっちこっちにたくさん固定しておけば，どんな住民の数と位置にでも対応できるのは言うまでもないであろう．

　ここでアクリル板の上に，今度は金属製のボビンを置き，これが施設の位置を表すものとする．さらに糸を 1 本用意し，その一方の端を一つの透明なボビンの軸（ある 1 人の住民の位置）に結びつける（図 1.3 の例では一番手前のボビン）．この糸を金属ボビンの軸（施設）に 1 回巻きつけては他の透明ボビンに引っかける，という操作を次々にしていこう．すべての透明ボビンに引っかけ終わったら，最初に糸を結びつけた透明ボビンに戻ってくることにする．以上の操作を行うと，図 1.3 の状態になる．実物は写真に示すとおりである．

　このとき，透明ボビンと金属ボビンとの間を行き来する部分の糸の長さに注目してみよう．この長さは，住民（透明ボビン）から施設（金属ボビン）への往復の距離をすべて足し合わせたものになっている．すなわち，この模型は，図 1.4 のように，距離の和 T を糸の長さによって真似たモデルなのである．

2.1　模型を用いた最適配置の決定

　さて，図 1.3 の模型を使って最適配置を決定してみよう．そのために図 1.5 のように，糸の端に錘をぶら下げることにする．ただし，糸とボビンの間には全く抵抗力が生じないものと仮定しておこう．すると錘は

(重力のために) 鉛直下向きにスルスルと下がっていく筈である．このとき金属ボビンの位置は，錘が少しでも下へ移動できるように，自動的に変化することになる．そして，"もうこれ以上錘は下がれない"という位置で停止する．

模型の結果は，私たちに何を語ってくれるのだろうか？以下に二つの側面から観察してみよう．

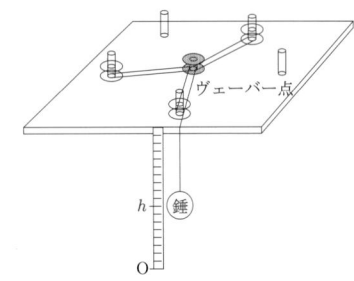

図 1.5 糸の端の錘が目一杯下がった結果

(1) 糸の総延長 T の最小化

まず，図 1.5 は私たちの施設配置問題における総延長，すなわちボビンとボビンとを結ぶ糸の総延長 T の最小化を成し遂げている．もうこれ以上 T を小さくすることはできない．何故ならば，もっと小さくすることができるとすると，糸はさらに繰り出されて，錘はもっと下に移動することになるからである．当然のことであるが，このときの金属ボビンの位置が，総距離を最小化する施設の位置になる．なんと，このような簡単な模型で施設配置問題の解が得られてしまった．この解はヴェーバー点と呼ばれる．

(2) 力の釣り合い

今度は模型を真上から見てみよう．そして金属ボビンに働く力に着目する（図 1.6）．錘に働く重力によって金属ボビンは自動的に移動し，錘が最も下がった状態で，金属ボビンも停止している．当然のことながら金属ボビンと透明ボビンを結ぶ糸の張力は，糸のどの部分でも等しいものとなっている．そしてその合力が $\mathbf{0}$ だからこそ金属ボビンは動かない．金属ボビンから見て，三つの透明ボビンの向きに働く力ベクトルを矢印で表すことにすると，図 1.6 のように大きさが等しい三つの力 f_1, f_2, f_3 が釣り合っていることがわかるのである．

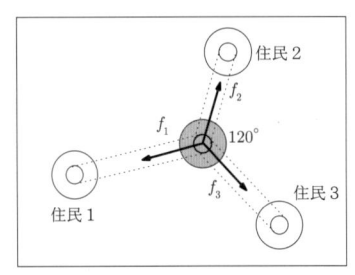

図 1.6 金属ボビンに働く三つの力ベクトル

いま 3 人の住民（透明ボビン）のなす三角形の三つの内角がどれも 120 度未満であるとしよう．このとき，三つの力ベクトルが互いに 120 度で交わるとき（そしてそのときに限り），（その合力は $\mathbf{0}$ ベクトルとな

り）力の釣り合いが実現される．つまり，3人の住民から施設 F へ引いた線分が 120 度で交わるように F を決めてやれば，施設配置問題の解が得られるのである．3 人の住民が綱引きをするものと考えてもよい．3 人ともが同じ大きさの力で引き合って釣り合うような 3 本の綱の結び目．最適な施設の位置にはこんな意味もあるのである．ちょっと楽しくなる事実ではないだろうか？なおこの解は，3 人の物理的重心ではない（念のため）．

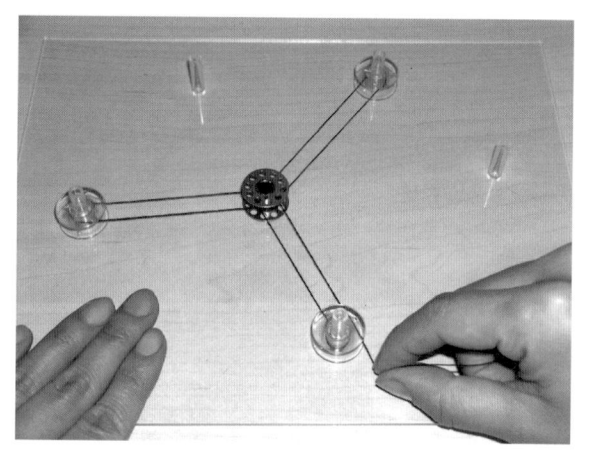

写真　ヴェーバー模型の実物

2.2　n 人の場合の解

2 節の冒頭で述べたとおり，この模型は 3 人の住民のみならず，どんな数の住民に対しても適用可能である．住民の数が n 人 $(n > 3)$ のときに図 1.5 のように錘をぶら下げることを考えてみよ．このときも，錘が下がれるだけ下がる，という事実は揺らがない．つまり，どんな n 人の場合でも，やはり前述の二つの側面は全く同様に成り立つのである．同じ点に 2 人以上の人がいれば，その透明ボビンと金属ボビンの間に人数分だけ糸を巻きつければよい．n 人の人々が同じ力で綱引きをする．n 本の綱の結び目が落ちつく地点，そこが全員の移動距離の総和を最も小

さくするような施設の位置を与えるのである．

ところで，n 人の一般的な場合に模型を用いて施設の最適解を求めることには，実は少し無理がある．何故ならばこの模型は，ボビンと糸の間に全く抵抗がないことを仮定しているから．実際はこの抵抗を無視することができない．したがって，ボビンの種類や糸の材質などをよほど吟味しないと，糸の総延長 T を必ずしも最小にしない状態で錘が止まってしまうのが普通である．この問題を厳密に解くには，コンピュータによる数値計算が必要である（後述する）．

第3節　数理モデルによるヴェーバー問題の求解

この節では，ヴェーバー問題を非線形最適化問題として定式化し，その解を求めることにする．まず，都市平面上の直交座標で，点 (u_j, v_j) に w_j 人が住んでいるものとする $(j = 1, 2, \ldots, J)$．この平面上に都市施設を一つ設けたい．

いま施設の位置を (x, y) とし，距離を直線距離で与えると，点 j から施設への距離 r_j は

$$r_j(x, y) = \sqrt{(x - u_j)^2 + (y - v_j)^2}$$

である（図 1.7 参照）．ここで取り上げるヴェーバー問題（ミニサム型施設配置問題）とは，この距離 r_j に人口の重み w_j を乗じた総和 $\phi(x, y)$ を最小化する施設位置 (x^*, y^*) を求める問題である：

【問題】　Minimize　$\phi(x, y) = \sum_{j=1}^{J} w_j r_j(x, y)$

$$= \sum_{j=1}^{J} w_j \sqrt{(x - u_j)^2 + (y - v_j)^2}.$$

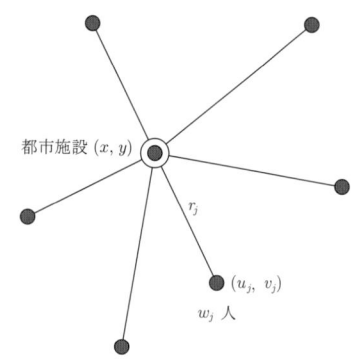

図 1.7　利用者の位置 (u_j, v_j) と施設の立地点 (x, y)

この目的関数 $\phi(x, y)$ は凸関数だから（証明は略），1 階の条件（1 階の偏微係数が 0）が最小化のための必要十分条件となる．これを求めると次式のとおりである：

$$\frac{\partial \phi(x, y)}{\partial x} = \sum_{j=1}^{J} w_j \frac{x - u_j}{\sqrt{(x - u_j)^2 + (y - v_j)^2}} = 0,$$

$$\frac{\partial \phi(x, y)}{\partial y} = \sum_{j=1}^{J} w_j \frac{y - v_j}{\sqrt{(x - u_j)^2 + (y - v_j)^2}} = 0.$$

残念ながら，これを (x, y) について陽に解くことはできない．いま上の1階の条件の両辺に -1 を乗じても等価である：

$$\sum_{j=1}^{J} w_j \frac{u_j - x}{\sqrt{(x-u_j)^2 + (y-v_j)^2}} = 0,$$

$$\sum_{j=1}^{J} w_j \frac{v_j - y}{\sqrt{(x-u_j)^2 + (y-v_j)^2}} = 0.$$

さらにこの条件をベクトルの形式で書き直してみよう：

$$\begin{bmatrix} \sum_{j=1}^{J} w_j \dfrac{u_j - x}{\sqrt{(x-u_j)^2 + (y-v_j)^2}} \\ \sum_{j=1}^{J} w_j \dfrac{v_j - y}{\sqrt{(x-u_j)^2 + (y-v_j)^2}} \end{bmatrix}$$

$$= \sum_{j=1}^{J} w_j \begin{bmatrix} \dfrac{u_j - x}{\sqrt{(x-u_j)^2 + (y-v_j)^2}} \\ \dfrac{v_j - y}{\sqrt{(x-u_j)^2 + (y-v_j)^2}} \end{bmatrix} = \mathbf{0}. \qquad (1.3)$$

上式の最後で重み w_j を乗じて足し合わされているベクトルの一つ一つは，点 (x, y) に起点を持つ (u_j, v_j) 方向の単位ベクトルである（図1.8）．

この単位ベクトルを $\boldsymbol{e}_j(x, y)$ と表そう：

$$\boldsymbol{e}_j = \begin{bmatrix} \dfrac{u_j - x}{\sqrt{(x-u_j)^2 + (y-v_j)^2}} \\ \dfrac{v_j - y}{\sqrt{(x-u_j)^2 + (y-v_j)^2}} \end{bmatrix}. \qquad (1.4)$$

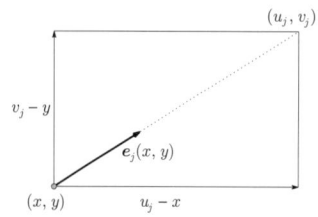

図 1.8 (x, y) に起点を持つ (u_j, v_j) 方向の単位ベクトル $\boldsymbol{e}_j(x, y)$

すると，1階の条件は

$$\sum_{j=1}^{J} w_j \boldsymbol{e}_j(x, y) = \mathbf{0} \qquad (1.5)$$

と表される．ここで単位ベクトル $\boldsymbol{e}_j$ は大きさ1の力ベクトルとみなせるので，ヴェーバー問題の解は「施設を起点とする利用者方向の（大き

さ w_j の) 力が釣り合う点」という物理的な意味を持つことがわかる（図 1.9 参照）．図 1.9 では，板に J 個の穴（点の位置）が空けられ，結び目を一つ持つような J 本の糸が穴に通してある．糸の先端には重さ w_j の重りがぶら下がっている．図中の矢線は大きさ w_j の力であり，これが釣り合うような点がヴェーバー問題の解となる（糸と穴の摩擦は 0 とする）．

なお，本節では直観的な理解を優先するために図 1.9 の概念模型を用いた．そうではなくて，2 節のアクリル板模型を用いて，人数 w_j に比例する回数だけ金属ボビンと透明ボビンの間に糸を巻きつけてもよい．

実際に解を求めるには図 1.9 のような模型ではなく，コンピュータによる繰り返し計算を用いる．この問題の場合，目的関数が凸であるから，ニュートン法が有効である．いま東京 23 区の 2003 年（平成 15 年）の夜間人口（表 1.1）に基づいてヴェーバー問題を解くと図 1.10 のように解は新宿区内の点 "◇" となる．ただし，人口を各区の幾何学的重心（図中の点）に帰属させて計算した．

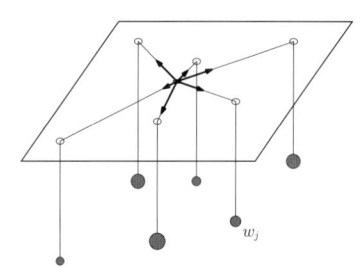

図 1.9 Minisum 問題の物理的な意味は J 点間の綱引き

降下法とニュートン法のアイデア

わかりやすいたとえで言うならば，降下法 (descent method) とは次のような内容のものである．闇夜の山中の何処かに登山者がいる．彼は，一刻も早く谷底に降りねばならない（水が欲しいのかもしれません）．彼の持つ道具は，自分のごく近くだけを照らすことができる懐中電灯のみ．しかも，この懐中電灯のニッケル・カドミウム電池は消耗しているので，長時間にわたって使うと二度と灯りを取り戻せない．そこで，彼はこんな反復法（同様の手続きを機械的に繰り返す方法）を用いて，谷底へと下っていった：

i) まず自分のいる場所の周りを懐中電灯で照らしてみて，どの方向が最も急な下り坂となっているかを確かめてから，懐中電灯のスイッチを切る．

表 1.1　東京 23 区の夜間人口（東京都による平成 15 年 10 月現在の推計値）

区名	人口（人）	区名	人口（人）
1. 千代田	38,205	13. 墨田	222,155
2. 港	169,200	14. 江東	400,910
3. 新宿	298,047	15. 大田	662,416
4. 文京	181,404	16. 世田谷	831,459
5. 台東	162,801	17. 杉並	530,138
6. 中央	83,320	18. 練馬	676,268
7. 品川	333,349	19. 板橋	525,238
8. 目黒	255,486	20. 北	327,068
9. 渋谷	201,900	21. 足立	622,763
10. 中野	312,694	22. 葛飾	427,045
11. 豊島	251,929	23. 江戸川	639,664
12. 荒川	186,810	（総計）	8,340,269

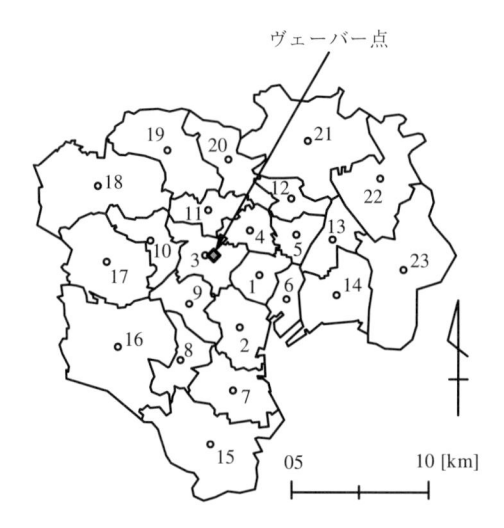

図 1.10　東京 23 区の夜間人口（平成 15 年 10 月）に基づくヴェーバー点

ii) その方向に何も見えないまま暗闇を下っていき，適当な場所で一時停止し，i) に戻る．

この方法を用いると，窪地があれば"そのいずれかに"やがては必ず到達することができる．あるいは谷伝いに川が流れ込む湖あるいは海にたどり着くことになる．

以上のことを，数学的に実現するための最も素朴な方法が，次の最急降下法 (steepest descent method) である．n 次元の変数

$$\boldsymbol{x} = (x_1, x_2, \ldots, x_n)$$

で決まる関数 $f = f(\boldsymbol{x})$ の値を最小化する，という一般的なシナリオで簡単に述べておこう (単一施設のヴェーバー問題の場合，$\boldsymbol{x}$ は 2 次元ベクトルである)．

目的関数 $f(\boldsymbol{x})$ のある点 $\boldsymbol{x}^k$ での接平面 (つまり関数の 1 次近似) を考える (k は反復手続きのカウンタである)．その点 $\boldsymbol{x}^k$ から周囲を見回して関数値が最も急激に小さくなる方向 d^k を見つける．この方向は，その点での勾配ベクトル

$$\nabla f(\boldsymbol{x}^k) = \left(\frac{\partial f}{\partial x_1}, \frac{\partial f}{\partial x_2}, \ldots, \frac{\partial f}{\partial x_n} \right) \Bigg|_{\boldsymbol{x} = \boldsymbol{x}^k}$$

にマイナスを付したもので与えられる (すなわち $d^k = -\nabla f(\boldsymbol{x}^k)$ とすればよい)．そして，その方向に (関数が実際に減少するような) ステップ幅 α^k だけ点を動かし，次の点 $\boldsymbol{x}^{k+1} = \boldsymbol{x}^k + \alpha^k d^k$ を定める．そして，その新しい点 $\boldsymbol{x}^{k+1}$ で，また接平面を考え，同様のことを繰り返す．なお，α^k を定める方法は直線探索 (line search) 法と呼ばれ，これには Goldstein の規則，Almijo の方法，黄金分割法，二分法などがある．以上が最急降下法の概要である．

点 $\boldsymbol{x}^k$ で接平面でなく 2 次曲面 (つまり関数 f の 2 次関数近似) を考えて同様の作法で計算するのがニュートン法 (Newton's method) である．ニュートン法は最急降下法に比べると (収束するならば) 速やかに収

束する，という良い性質（超 1 次収束性）を持っている．しかしその反面，素朴なニュートン法が有効に働くためには目的関数が凸でなければならない（本テキストの単一施設のヴェーバー問題は正にこの良い例）．超 1 次収束という良い性質を保ちつつ凸関数の条件を外した方法に準ニュートン法 (quasi-Newton method) というものがある．詳しくは例えば文献 [103],[104] を参照のこと．

　なお，現在では良いインターフェイスを持つパソコン用の汎用ソフトウェアが巷に溢れている．Microsoft Excel, Mathematica, Maple, Matlab, Maxima といったソフトウェアを用いれば，最急降下法やニュートン法のプログラムを自分で書かなくても，実に簡単に多変数関数の最小化問題を解くことができる．

第4節　結語

　当たり前のことであるが，以上で述べたような解が得られたとしても，そのとおりに施設を設けられるとは限らない．何故なら，施設を作るには，地価が予算に見合うか，土地利用上の制約はないか等の条件を克服せねばならず，これらのすべてが思い通りにならない場合もあるからである．しかし，単純な想定の下での理論的で厳密な解は，「いろんなことを理想に近づければこんなにも良くなるのだ」とか「せいぜい頑張ってもこの程度にしか良くならないのだ」といった（努力の方向を探るための）重要な情報を与えてくれる．数学的にいえば，施設の立地が許される領域を不等式群で与え，制約つきの最適化問題として定式化してもよい．より実際的な施設計画の観点からは，距離の総和 T の等高線図を用意し，地価等の要因と重ね合わせることに意味があるといえる．今回の結果は，実はこのような等高線図を作成するための基礎でもあることをつけ加えておこう．

　われわれは，どこに施設を置けば地域全体での移動距離の総和を最も小さくできるか？を考えた．このような社会的な問題の解を追求していくと，その背後には大変面白い物理的な性質が隠されていたわけである．その仕組みに興味を覚えた読者諸兄／諸姉もおられることと思う．大切なことは，こうした考察が可能になったのも，適切なモデルを作ったからだということである．

　なお，自然のなかで物体の形状や配置が決定される仕組みを追求していくと，その背後には，エネルギー最小原理あるいは変分原理と呼ばれる重要な理（ことわり）が存在する．これらを学べば，最適配置の問題も，より一般的な立場から多面的に理解することができて，幸せ（な気分）になれる．そうした内容を，美しい写真や図を多用して，平易に解説した好著に文献 [106] がある．

演習問題

【問題1】 平面上に4人の位置が与えられているとする．このとき4人からの距離の和を最も小さくするような施設の位置を求めよ（解は誠に簡単な点になる）．

【問題2】 移動の総エネルギーを最小化する方法が相応しくない類の施設を（理由とともに）あげ，それらの施設の配置を適切に行うための理屈を述べよ．そして，平等な都市あるいは社会を設計することの難しさに想いを馳せるべし！

【問題3】 上では直線距離を前提として議論した．もしも京都や札幌のような直交する道路網の上で同様の議論を行なったら，如何なる結果になるだろうか？

【問題4】 人々から施設への移動コスト（あるいは移動のしんどさ）が直線距離の2乗に比例するものとして，コストの総和を最小化する施設の位置を求めることにも意味がある．この施設の下では，距離が倍になるとコスト（しんどさ）が4倍に，距離が3倍になるとコスト（しんどさ）が9倍になる．幼児や身体の弱い人々にとっての施設を設ける場合の一つのアイデアである．この問題の最適解が利用者人口分布の重心で与えられることを数学的に確かめよ．

Chapter 2
One and Two Dimensional Weber Problems

2章　1次元都市と
　　　2次元格子状都市の
　　　ヴェーバー問題

解題

　この章では，まず都市の空間的な広がりを1次元に限定してヴェーバー問題（ミニサム型施設配置問題）を論じます．また，その結果を直接的に応用することによって，格子状道路を持つ2次元都市（京都や札幌の中心市街地を思い浮かべて下さい）のヴェーバー問題が直ちに解けることを示します．適用されるメトリックの違いによってヴェーバー点の性質が異なることは大切な事実です．なお，道路の基軸パターンの違いが住民にもたらす負担の構造は，9章でも距離分布の解析という内容で追求されます．

　われわれは1章において2次元都市で直線距離の総和を最小化する問題を詳しく吟味し，その解（ヴェーバー点）が力の釣り合いという概念によって明確に位置づけられることを知っています．この論理は1次元でも全く同様に成り立たねばなりません．すなわち，1章のモデルで（たまたま）すべての住民が直線に沿って分布している場合を考えれば，直ちに解が得られます．しかし，2章の内容が1章の単なる系 (corollary) というのでは面白くない．そこでこの章では，まず1次元都市に限定したればこその説明原理で最適解を記述します（説明原理の多様性は理解の幅を広げます）．続いて，住民から都市施設への距離負担の公平性に焦点を当てたモデル（ミニマックス型施設配置モデル）を紹介します．さらに，格子状道路を持つ2次元都市のヴェーバー問題を取り上げます．この問題は，人口分布を二つの道路軸各々に射影することによって，独立な二つの1次元ヴェーバー問題に帰着させることができます．1章の直線距離のモデルとは異なり，直交距離（格子状道路の距離）のヴェーバー問題は実に簡単に解けるのです．

　ところで，何故に1次元都市にこだわるのかといえば，人々の住み暮らす地域が1次元的に閉じているとみなせる場合が思いのほか多いから

です．これを概観してみましょう．たとえば，(1) 都心に端を発する郊外鉄道路線．多くの場合こうした路線の開発と住宅地開発は連動しており，鉄道路線に沿うて人口が張りついています．加えて，住民への商業サービスもこの路線に近接して展開されている場合が多いのです．すなわち，鉄道沿線上で閉じた地域社会というものが構成されているとみなすことができます．また，(2) 主要幹線道路や高速道路上に存在する需要に応える施設サービスも存在します．ガソリンスタンド，事故発生時の非常電話，怪我人が生じたときの救急施設等，といった具合で枚挙に暇がありません．さらに，(3) 日本の国土が急峻で平野部が少ない，という特徴からも眼が離せません．筆者は瀬戸内海の小さな島で少年時代を過ごしましたが，島はお椀を伏せたような形状をしていました．その所為で，住民は海岸線に沿って1次元的に住みつき，麓には段々畑が営まれる，といった様相を呈していました．こうなると，島民の生活圏は勢い1次元的にならざるを得ません．

　以上のように，1次元都市に限定して施設配置のモデルを作り，解の基本的な特徴を吟味しておくことの意義が理解できます．これもまた，地域の造形を下支えする一つの原理たり得るのです．

　なお，ここで述べるモデルは必ずしも都市・地域に限定して適用されるものではありません．たとえば，倉庫や工場や商業施設といった建築物をみますと，細長く1次元的な形をしている場合も多い．また，矩形の空間に棚や作業台や陳列ケースが格子状に配置されていて，結果として，建物内の移動が直交距離でなされる場合も多いのです．すなわち一建築物内のさまざまな機能（集合場所，情報の掲示場所，火傷時のシャワー，便所，治具の収納場所等）を配置する上でも，この章のモデルが示唆を与える可能性がある．さらには，1次元モデルの広がりを鉛直方向に取ってみましょうか．すると，このモデルは直ちに高層ビル内での施設配置問題に変貌してくれるのです．横のものを縦にしたり斜めにしたり…さまざまな工夫で造形モデルの幅を広げて欲しいと思います．

第 1 節　1 次元上のヴェーバー問題

1.1　定式化

1 次元の（すなわち直線上の）都市を考える．もちろん，平面の都市で考えることも可能である（これについては 1 章で解説した）．しかし直線都市のモデルには，説明が容易で，かつ本章の主旨である「公平さ」の本質も明示しやすい，という長所がある．読者諸兄のなかには，「われわれは平面上に住んでいるのだから直線都市を考えることはナンセンスだ」と思われる方もあるかもしれないが，実はそうでもない．たとえば，自動車専用道路や鉄道などの幹線系を対象として沿線住民のための（あるいは交通路を利用する人々のための）施設配置を議論する場合は，直線都市を考えることに意味がある．またわが国の島々には，沿岸部を道路が一周してその沿線（すなわち海岸部）に人々が住みつき，島の中央部にかけては山を切り開いて棚田や段々畑が作られる，という典型的なパターンがある．この場合，1 次元の都市が構成されていることになる．さらに日本列島は，そもそも南北に細長い 1 次元的広がりを持っている．

このようなことから，図 2.1 のように直線都市を x 軸で表現する．そして，この軸上に住む n の住民の 1 人 1 人の位置を左から順に並べて表現しておく：

$$u_1 \leq u_2 \leq \cdots \leq u_n. \tag{2.1}$$

人々が利用するような施設を何か思い浮かべてみよう．たとえば，市民ホール，美術館，公民館などという都市施設である．これらの施設の特徴は，その地域の住民だれもが同じように利用する，ということである．この施設の位置を x で表す．

このとき j 番目の人は施設を利用するために $|x - u_j|$ だけ移動せねばならない．だから n 人が一度ずつ施設を訪れた場合の距離の和を T と

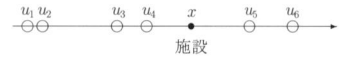

図 2.1　住民の位置 u_j と施設の立地点 x（$n=6$ の例）

すると
$$T = |x - u_1| + |x - u_2| + \cdots + |x - u_n| \quad (2.2)$$
となる.この T を最も小さくするような施設の位置 $x = x^*$ を求める,という 1 次元ヴェーバー問題（ミニサム型施設配置問題）をテーマとするのである.人々の移動の速さを同一と想定すれば,T が小さいほど総移動時間が短くなるし,疲れの総量も小さくなる.また人々が自動車で移動したとすると,ガソリンの消費量や排気ガスの発生量が T に比例することは言うまでもない.距離の和 T は社会の便利さや環境の保全を考える上で重要な指標である.

1.2　1 次元ヴェーバー問題の解―人口分布の中央値―

ヴェーバー問題の解は次のとおりに記述される:

1. n が奇数のとき $\Rightarrow$ 最適位置 x^* は左から $(n+1)/2$ 番目（右からも $(n+1)/2$ 番目）の人の位置 $u_{(n+1)/2}$ に一致する;
2. n が偶数のとき $\Rightarrow$ 最適位置 x^* は真ん中の $u_{n/2}$ と $u_{n/2+1}$ という 2 人のなす線分上で不定となる（この線分上のあらゆる点が最適位置である）.

図 2.2 に $n = 1, 2, 3, 4, 5$ の各場合の最適解を示す.

上記の結果は次の補題をもとにして導くことができる.

【補題】　2 人の住民 u_i と u_j（ただし $i < j$）からの距離の和を最小にする施設の位置は $u_i \leq x \leq u_j$ を満たす任意の x で与えられる.

補題の成立は図 2.3 から明らかであろう.図 2.3 で,施設が u_i と u_j に挟まれる区間に含まれるとき,$a + b$ は恒等的に $u_j - u_i$ に等しいのである.

まず,u_1 と u_n の 2 人の住民のみに着目する.この 2 人にとっては区間 $[u_1, u_n]$ 内のすべての点がミニサム型施設配置の最適解である（∵補題）.したがって,区間 $[u_1, u_n]$ の部分集合である区間 $[u_2, u_{n-1}]$ も最適解となる.よって,施設を区間 $[u_2, u_{n-1}]$ 内に置く,という条件の下

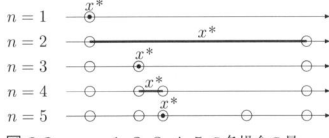

図 2.2　$n = 1, 2, 3, 4, 5$ の各場合の最適解 x^*

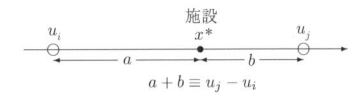

図 2.3　2 人の利用者 u_i と u_j に関する最適施設位置は線分上で不定（利用者同士を結ぶ線分上のすべての点が最適解!）

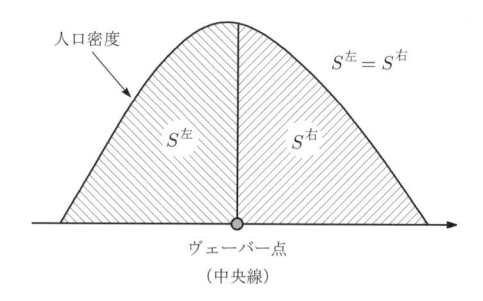

図 2.4 1 次元のヴェーバー点は人口分布の中央値

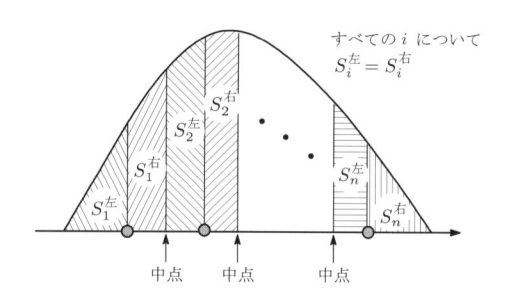

図 2.5 n 個の施設の最適条件（施設の勢力圏内の中央値）

では，この 2 人 u_1 と u_n は住民の集合から外して構わない．そこで今度は新しく u_2 と u_{n-1} の 2 人の住民のみに着目する．すると，全く同様の理屈で，施設を区間 $[u_3, u_{n-2}]$ 内に置く，という条件の下で，u_2 と u_{n-1} は住民の集合から外せる．以下同様で，両端から 2 人ずつの住民を外しながら最適解の範囲を狭めていくことができる．その行きつく先が前記のように n の偶奇で場合分けして記されるという具合である．

上述のように，1 次元ヴェーバー問題の解は人口分布の中央値（分布を 2 分する点あるいは区間のこと）なのである．最適解の条件を連続型人口密度について示すのが図 2.4 である．実は，この事実は複数施設のミニサム型配置問題についても成り立つのである（図 2.5）．直線上に同一種類の施設が n 個立地しているものとする．どの住民も自宅からみて最も近い施設のみを利用するものとする．全住民が一度ずつ最寄りの施

設を訪れるときの距離の総和を最小化する n 個の施設の位置を同時に決めてみる．この問題の解の（必要）条件が図 2.5 なのである．図 2.5 では，施設の勢力圏境界が隣り合う施設の中点で与えられており，かつ勢力圏の内部で施設の中央値立地が実現している．そこで，このような最適立地の枠組みは"メディアン（中央値）立地の原理"と呼ばれている．

1.3　ミニサム型配置の問題点―住民負担の公平さ―

ミニサム型配置は都市全体でのエネルギー消費を最小化する，という観点からは誠に結構である．しかし，個々の住民の移動距離に着目すると，手放しで喜んでもいられない．これを説明するために，筆者の小学生時代のエピソードを紹介しよう．

筆者は瀬戸内海の I 島で小学生時代を過ごした．そこでは基本的には集落は海岸線に沿って線状に発達しており，筆者は南地区（という 1 次元区間）に住んでいた．この地区における児童の分布と小学校（南小学校という名前）の様子を略記すると図 2.6 のようになる．筆者の属した 50 人程のクラスのうち 1 人を除いては徒歩で通学していた．しかし図 2.6 左端の N 君だけは（距離が長いために仕方なく）バスで通学していた．島のバス便は本数が少ない．N 君は皆よりも早く自宅を出ねばならず，さらに，皆よりも早く帰宅せねばならなかった．N 君だけは朝の人気 TV 番組「おはよう子供ショー」（←愛川欽也さんがロバ君の着ぐるみで登場していた）をみることができなかった．そして放課後の校庭で走り回る友人たちを後目に，1 人だけバス停に向かって行く N 君の姿は，子供心にも寂しさを感じさせるものであった．

南小学校の配置はミニサム型の解に近いものだったように思う．その結果 N 君は 1 人犠牲となったのである．もしも，子供たちの通学距離があまり異なった値を取らないことをよしとするならば，この場合，ミニサム型配置は明らかに公平さに欠けている．こうした問題点を解決する一つの手段としてミニマックス型施設配置という考え方を紹介しよう．

図 2.6　海岸線に沿った南地区の児童分布と南小学校の様子

第2節　1次元のミニマックス型施設配置問題
　　　　―公平さ実現のための次善の策―

ここで取り上げるのは，最も大きな（maximum 略してマックス）距離を最小化（minimize 略してミニ）する問題である．これはミニマックス型施設配置問題と呼ばれる．施設を区間 $[u_1, u_n]$ 内の点 x に設けるとき，すべての住民のなかで最も遠い距離を移動せねばならないのは u_1 か u_n のいずれかの住民である．このことから，次がいえる：

> ミニマックス型施設配置問題の解は $x^{**} = (u_1 + u_n)/2$ すなわち住民の範囲の中央で与えられる．

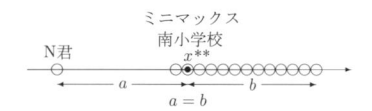

図 2.7　ミニマックス型施設配置（N 君は随分と楽になったけれど…）

ミニマックス型の解を図 2.7 に示す．この解でも，子供たちの通学距離には大小の別があり，不公平さが完全に払拭された訳ではない．しかし N 君の通学距離と他の子供たちの通学距離の差は小さくなり，N 君は放課後もう少し遅くまで校庭で遊んでいられることになる．

このようにミニマックス型配置は弱者救済型の方法である．大切なのは，この救済によって極端な不利益を被る人はいなくなるものの，多くの人々が（少しずつ）不利益を被る可能性がある，という点であろう．実際図 2.7 はそのような状況を呈している．ミニマックス型配置も手放しで薦めることはできないのである．

なお，ミニマックス型配置を試みるべき施設は他にもある．たとえば，警察の派出所や消防署．これらの施設からは，犯罪・交通事故・火災といった事態の発生に伴う緊急出動がなされる．この場合，都市内のどんな地点にでもある時間以下で到達できることが重要であり，単純なミニサム型の配置は適さない．

2.1　現実の意思決定のために

ミニサム型やミニマックス型の配置はある種理想的な解を与えるもの

の，そのどちらかを選択すればよい，という訳でもなさそうである．最終的には都市施設をめぐる利害関係や社会背景によって，施設立地点を決めねばならない．また，土地利用の制約によって，これら単純なモデルが与える解が必ずしも実現可能であるとは限らない．ここで述べるようなモデル分析は，あくまでも意思決定のための補助的手段あるいは資料提供を行うに過ぎないのである．では，もっと気の利いた資料を提供することはできないだろうか．

　そのための有効な手段は，施設立地点に応じた住民の距離分布を記述することである．具体的にいえば，都市のいろいろな地点（あるいは施設立地の候補となっている点）に施設を固定したときの，住民の移動距離を計算し，移動距離のヒストグラムを作ればよい．こうすれば，どの程度の距離を移動する人が何人いるかが明示される．すなわち，ヒストグラムが全体に右に位置していればすべての住民がしんどい思いをすることになるし，ヒストグラムのバラツキが大きければしんどい人と楽な人の差が大きい．このように施設配置の候補点を評価することが可能である．これらの評価は，移動距離の平均値や分散を算出することでも簡便に行える．その理論的な基盤については9章で論じる．

第3節　格子状道路を持った2次元都市のヴェーバー問題

周知のとおり，京都や札幌の中心市街地には規則正しい格子状道路が敷設されている．米国のサンフランシスコ，シカゴ，ニューヨークのマンハッタンといった都市も，実に規則正しい格子状道路網からなっている．日本のあちこちの都市でも，（異なる地域を結ぶ幹線道路ではなく）地域内の生活道路に着目すると，格子状道路パターンが観察される場合が多い．こうした典型的な都市・地域で施設配置問題を定式化するには，直線距離ではなく直交距離（格子状道路に沿った距離）を用いるほうが適切であろう．

そのために便宜上，格子状道路が限りなく稠密に敷設されている平面を想定する．そして$U_1, U_2, \ldots, U_n$のn人が住んでいるものとしよう．都市施設の位置は点Fで表現する．U_iからFへの格子状道路に沿った距離はr_iで与える．この距離は直交距離，Recti-Linear 距離あるいはマンハッタン距離と呼ばれる．そして，n人すべてが一度ずつ施設Fを訪れるときの総距離をRで表現する（図 2.8 参照）：

$$R = r_1 + r_2 + \cdots + r_n.$$

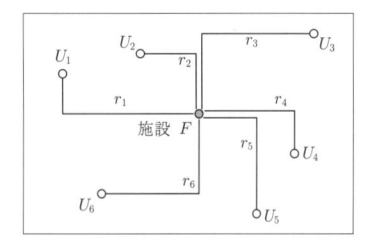

図 2.8　格子状道路を用いた住民から施設への移動（$n = 6$ の例）

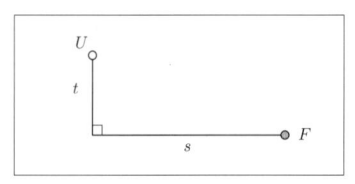

図 2.9　直交距離の縦・横への分割

ここで，2点間の直交距離rは横方向（sとする）と縦方向（tとする）に分割できる（図 2.9）：

$$r = s + t.$$

したがって，目的関数Rも縦方向と横方向に分割して表現することができる：

$$\begin{aligned} R &= r_1 + r_2 + \cdots + r_n \\ &= (s_1 + t_1) + (s_2 + t_2) + \cdots + (s_n + t_n) \end{aligned}$$

$$= \underbrace{s_1 + s_2 + \cdots + s_n}_{\text{横方向の和}} + \underbrace{t_1 + t_2 + \cdots + t_n}_{\text{縦方向の和}}. \quad (2.3)$$

すなわち，横方向の距離の総和（これを $S = s_1 + s_2 + \cdots + s_n$ とする）と縦方向の距離の総和（これを $T = t_1 + t_2 + \cdots + t_n$ とする）を独立に最小化すれば，直交距離の総和 R を最小化できることが理解できる．つまり，横軸に沿って S を，縦軸に沿って T を最小化すればよい（二つの 1 次元ヴェーバー問題を解けばよい）．それらの解は図 2.2 に示したとおりであり，住民数の偶奇によって場合分けして記述できる．例として $n = 5$ と $n = 6$ の場合の最適解を図 2.10 と図 2.11 に例示しておく．図 2.10 ではヴェーバー点が一意に確定しているが，図 2.11 ではハッチされた矩形で不定となっている（矩形内のすべての点が最適解である）．さらに，人口分布の様子によっては，ヴェーバー点が線分上で不定となる場合もある．

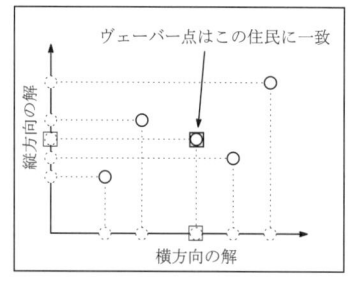

図 2.10 最適解の例（$n = 5$）

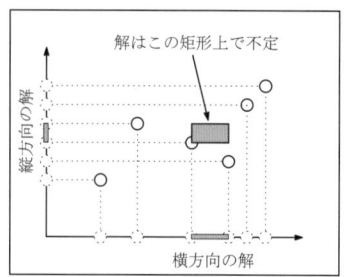

図 2.11 最適解の例（$n = 6$）

第4節　結語

自分にとって喜ばしい施設ならば，自宅の側に立地して欲しい．われわれは皆このように願う筈である．施設配置の計画には
- 社会的コストの削減や環境の保全
- 公平さの追求
- 個人のエゴイズムの調整

といった要素が絡み合った意思決定が必要なのである．加えて現実の世界では，住民の利益代表が政治家という名前で存在しており，この代表者間の力関係や利害関係が公的施設の計画をさらに不透明なものとしている．これを透明にするためには，客観的・数理的な説明原理に基づく結果を住民に周知させることが必要とされる．ミニサム型・ミニマックス型といった最適化の規準や，住民の移動距離の分布・平均値・分散といった指標はそのための手段といってよいであろう．

演習問題

【問題1】　平面上に n 人の住民が分布しているものとする．この場合のミニマックス型施設配置の解は"全住民を含むような最小半径の円の中心点"で与えられる．その理屈を説明せよ．

【問題2】　直線都市に複数の施設を配置するときのミニサム型施設配置とミニマックス型施設配置を求めよ．

【問題3】　距離に関するミニサム型やミニマックス型の配置が適当でない施設もある．たとえば，原子力発電所，ゴミ焼却場，下水処理場，危険物貯蔵庫など．これらの配置を行うための規準を考案し，危険や迷惑の負担の公平性を分析する手立てを述べよ．

Chapter 3
Minisum and Minimax Multi-Facility Location Problems

3章 複数施設の
ミニサム型配置モデルと
ミニマックス型配置モデル

解題

　この章では，2次元の都市・地域内部に同一種類の施設を複数個配置するモデルを取り上げます．念頭に置く施設の種類は，区役所（あるいはその出張所），選挙時の投票場所，公立図書館，公立の小中学校，郵便ポスト等です．多くの利用者は，これらの施設が自宅の近くにあってくれればと願っています．そして地域計画の立案者も，すべての住民に同様の便利さを提供する計画を立案したいと考えているに相違ない．しかし当然のことですが，man-to-man で施設を建設する訳にはいきません．施設の用地取得費・建設費・運営費は無尽蔵ではないからです．そこで，次善の策として浮上するのが，施設の数を所与として（つまりコスト制約の下で）人々の移動距離の総和を最小化するように施設立地点を決めよう，というアイデアです．1章で述べたヴェーバーのモデルを複数施設に向けて自然に拡張して，**都市・地域の造形の基礎を与える道具立て**を充実させよう，という訳です．なおさらに本モデルにおける目的関数の距離を距離の高次のべき乗で置き換えることによって，ミニマックス型施設配置問題をも解こう，という方法論も示します（1次元都市の場合は2章で述べました）．

　ただし，複数施設の配置モデルには単一施設のモデルとは根本的に異なる部分があります．それは，住民の施設への割り当て (allocation) を明示的に扱わねばならない，という点です．この割り当てルールにはさまざまなものがありますが，本章では"任意の人を最寄りの施設に割り当てる"というルールを採用します．他にも，住民が施設を，その魅力度や自宅からの距離に応じて確率的に選択する，という割り当てモデル（ハフモデルとか非集計ロジットモデルと呼ばれます）も存在しますが，その説明はまたの機会に譲りましょう．なお，割り当てルールの下で複数施設の配置 (location) を決定するための問題は，配置-配分問題

(location-allocation problem) と総称されます.

さて，上述の"最近隣施設への住民の割り当て"を行う方法として，本章ではボロノイ図 (Voronoi diagram) といわれる平面分割のモデルを用います．ボロノイというのはロシアの数学者の名前です．ボロノイ図とは，複数の施設を所与とするとき，各々の施設を最近隣とするような点集合からなる多角形に平面を分割したものです．有り体にいえば，施設の勢力圏（ヤクザな言葉でいえば"シマ"となりましょうか）を描いた図という訳です．ボロノイ図を用いる方法のほかにも，利用者を複数の施設に割り当てるすべての組み合わせを勘案する，という単純素朴な方法も過去に考えられました．しかし，そのやり方では数え上げに大変な手間が掛かるので誠に効率が悪い（専門用語では"組合せ論的爆発"といいます）．実のところボロノイ図を用いない古典的方法を適用したのでは，最新鋭のコンピュータを用いても事実上問題を解くことができない場合が多いのです．

以下では，すべての人が最寄りの施設を用いるという割り当てルールを厳密に適用します．そして，すべての施設の位置を同時に少しずつ良い方向に変化させていき，その方向ではもうこれ以上は良くできない，という事態が訪れた時点で計算を終了する方法を数値例と共に示します．このやり方では，計算を始めるに当たって設定する最初の施設位置（初期値と呼ばれます）に依存して解が決まります．その解は局所最適解と呼ばれます．それが厳密な意味での（すなわち大域的な）最適配置を与える保証はありません．この心配は，実はほとんどすべての最適化問題を解く上で共通のものです．しかし心配することはありません．初期値をさまざまに（乱数などを用いて数多く）与えて得られる各々の局所最適解のなかから最良のものを選ぶ，という実践的な適用を行えばよいのだから．

本章のモデルはさまざまな局面で用いることができます．現状の施設配置を初期値として問題を解けば，将来に向けての地域計画の努力目標とでもいったものが明示されます．既存の施設に新たなる施設を添加す

る局面では，新たに加えられる施設のみを可変として問題を解けばよい．さらにモデルを部分的に変更し少し複雑化すれば，鉄道路線の最適配置計画にも役立てることができます．本章の内容もまた，都市・地域の造形に向けて数理的側面から挑戦するための重要な基礎と位置づけられるのです．

第1節　ミニサム型複数施設配置問題の定式化

1.1　モデルの前提条件

ここでは，

- 2次元上で住民の離散的な人口分布を与え
- 複数の施設を配置する
- Minisum 型の

配置問題を取り上げる．ここで単一施設の場合と複数施設の場合とでは，（その定式化に）根本的な相違がある．それは次のように述べられる：

1. 単一施設の場合には，利用者の施設への割り当ては一意として定式化すればよい．
2. 複数施設の場合には，利用者の施設への割り当てをも考慮した定式化を行わねばならない．

このことから，複数施設の配置問題は一般に "**Location-Allocation 問題（配置-配分問題）**" と呼ばれる．この用語は，(1) 複数施設の位置，(2) 利用者の施設への割り当て，の両者を（適当な最適化規準の下で）同時に決定するための問題，という意味を持つ．

まずは2次元平面に直交座標系を準備しておき，地域の人口分布を

$$\text{点 } U_j = (u_j, v_j) \text{ に } w_j \text{ 人が住んでいる } (j = 1, 2, \ldots, J)$$

と与える．この平面に K 個の施設

$$F_k = (x_k, y_k) \quad (k = 1, 2, \ldots, K)$$

を設けるものとしよう．住民の位置 $U = (u, v)$ から施設 $F = (x, y)$ への距離は次のように与える：

$$d(U, F) = \|F - U\| = \sqrt{(x-u)^2 + (y-v)^2}. \tag{3.1}$$

人々は必ず住所から最寄りの施設を訪れるものとする．それを記述するための準備として，施設位置

$$F_1, F_2, \ldots, F_K$$

を母点 (generators) とするボロノイ領域というものを準備しておこう．

1.2 最近隣距離とボロノイ図

点 $U \in \mathbf{R}^2$ を最も近い施設点に割り当てるとき，その距離は "最近隣距離 (the nearest neighbor distance)" と呼ばれる．いま点 U からの最近隣距離を $z(U; F_1, F_2, \ldots, F_K)$ と記すことにすると，次式のとおり：

$$z(U; F_1, F_2, \ldots, F_K) = (\text{点 } U \text{ から施設への最近隣距離})$$
$$= \min_{k \in \{1,2,\ldots,K\}} d(U, F_k).$$

点 U の施設への割り当てを上のように約束すると，一つ一つの施設の誘致圏（勢力圏）が自ずと決まることになる．いま，施設点 F_k の勢力圏を V_k で表すことにすると，それは次式のように書ける：

$$V_k(F_1, F_2, \ldots, F_K) = (\text{施設 } F_k \text{の誘致圏（勢力圏）})$$
$$= \bigcap_{m=1}^{K} \{U | d(U, F_k) \leq d(U, F_m)\}. \tag{3.2}$$

定義により直ちに，V_k 内の任意の点 U に関して $z(U; F_1, F_2, \ldots, F_K) = d(U, F_k)$ であることがわかる．

$V_k(k = 1, 2, \ldots, K)$ による平面 $\mathbf{R}^2$ の分割はボロノイ (Voronoi) 図，あるいは Dirichlet 分割，Thiessen 分割などと呼ばれる．ここで点 $F_k(k = 1, 2, \ldots, K)$ を母点 (generators)，一つ一つの勢力圏（多角形となる）をボロノイ領域，ボロノイ領域の辺をボロノイ辺，ボロノイ領域の頂点をボロノイ点と呼ぶ．図 3.1 に正八角形領域内の母点に対してボロ

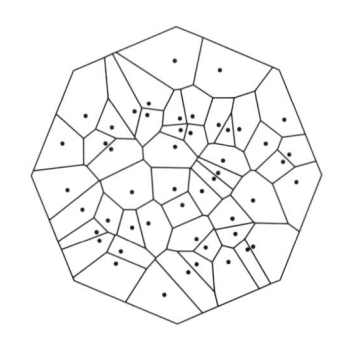

図 3.1 ボロノイ図の例

ノイ図を描いた例を示す．二つの施設 F_1, F_2 に着目すれば，その勢力圏の境界は線分 F_1F_2 の垂直二等分線で与えられる．したがってボロノイ図はそのような垂直二等分線群の部分集合となる（図 3.2）．なお，ボロノイ線図の構成は計算幾何学の基本的なテーマの一つであり，（実用的に見たときの）最も高速な算法は [301] で学ぶことができる．昨今では，一連の地理情報システム・ソフトウェア (GIS) や Mathematica, Matlab 等の数式処理ソフトウェアを用いることによってパソコンで容易にボロノイ図を描画できる．ちなみに後述の計算例では Mathematica(Ver. 4.2.1) を用いてプログラムを作成した．

上述で明らかなとおり，ボロノイ領域 V_k 内の点 U に最も近い施設はその母点 F_k である．したがって，ボロノイ図を用いて最近隣距離を同定することが可能である．

1.3 最適化問題の定式化とアルゴリズム

前述のボロノイ領域の定義に基づいて次を定義する：

$$A_k(F_1, F_2, \ldots, F_K) = [\text{ボロノイ領域 } V_k(F_1, F_2, \ldots, F_K) \text{ に含まれる住民代表点 } U_j \text{ の添え字集合}](k = 1, 2, \ldots, K).$$
(3.3)

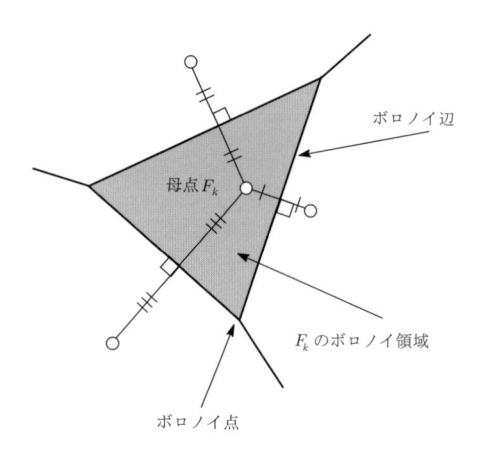

図 3.2 ボロノイ図の構造と部品の名称

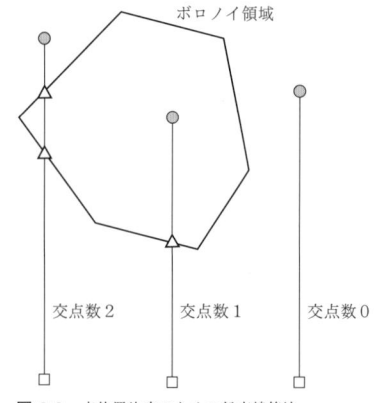

図 3.3 点位置決定のための鉛直線算法
（鉛直線と多角形の交点が奇数ならば点が内部にある）

これを求めるためには，任意の人口代表点 U_j とボロノイ領域 V_k が与えられたときに，U_j が V_k に含まれるや否やを決定する必要がある．この問題は"点位置決定問題"と呼ばれ，"鉛直線算法"というアルゴリズムで解くことができる [301]．図 3.3 のように位置を確かめたい点の鉛直線（鉛直下方の十分遠い点と結んだ直線）と多角形の各辺が交わるかどうかを確かめる．もしも交点が奇数ならば点はその多角形の内部にあり，偶数ならば外部にある．なお，今回は多角形がボロノイ領域であるから（凸多角形であるから）交点数は 0 あるいは 1 あるいは 2 のどれかであり，交点数が 1 であることと点が多角形の内部にあることが等価となる．

このとき，住民が最寄り施設を一度ずつ訪れるときの総距離 $\phi(F_1, F_2, \ldots, F_K)$ は次のとおりに定式化できる：

$$\phi(F_1, F_2, \ldots, F_K) = \sum_{j=1}^{J} w_j z(U_j; F_1, F_2, \ldots, F_K)$$
$$= \sum_{k=1}^{K} \left\{ \sum_{j \in A_k(F_1, F_2, \ldots, F_K)} w_j d(U_j, F_k) \right\}. \quad (3.4)$$

つまり，施設を母点とするボロノイ領域に含まれる住民の集合ごとに距離の小計を求め（上式の大括弧内の足し算），それを全施設に関して総和すること（上式の k に関する足し算）によって目的関数を計算しているのである．

1.4 数値解を求めるアルゴリズム

続いて，最適化問題

$$\text{Minimize} \quad \phi(F_1, F_2, \ldots, F_K) \tag{3.5}$$

の極小解 $(F_1^*, F_2^*, \ldots, F_K^*)$ を求めるアルゴリズムについて述べよう．

式(3.3)の定義からわかるとおり，(3.4)の目的関数は，母点 $(F_1, F_2, \ldots, F_K)$ に対するボロノイ分割を前提として，住民を施設に割り当てている．この割り当て $A_k(F_1, F_2, \ldots, F_K)(k=1, 2, \ldots, K)$ を保存したままで，施設点 $(F_1, F_2, \ldots, F_K)$ を最適化する部分問題を作成したい．そのために次の最適化問題を作成する：

$$\text{Minimize} \quad \psi(G_1, G_2, \ldots, G_K) \\ = \sum_{k=1}^{K} \left\{ \sum_{j \in A_k(F_1, F_2, \ldots, F_K)} w_j d(U_j, G_k) \right\}. \tag{3.6}$$

これを解くには，大括弧内の最小化を $k=1, 2, \ldots, K$ について行えばよい．すなわち K 個の（単一施設の）ヴェーバー問題を個別に解けばよく，それは1章で述べたとおり，ニュートン法による凸関数の最小化に過ぎない．

さて，以上から，(3.6)の最小化問題の解を $(G_1^*, G_2^*, \ldots, G_K^*)$ とするとき

$$\psi(G_1^*, G_2^*, \ldots, G_K^*) \leq \phi(F_1, F_2, \ldots, F_K)$$

が成立する．そして，$(F_1, F_2, \ldots, F_K)$ を $(G_1^*, G_2^*, \ldots, G_K^*)$ で置き換えてボロノイ図を作り直せば（つまり式(3.4)の ϕ を計算すれば），さら

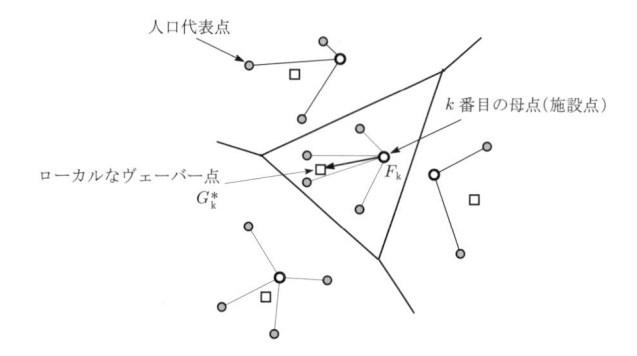

図 3.4 割り当てを保存したローカルなヴェーバー点 G_k^* への F_k からの移動

- $F_1, F_2, \ldots, F_K$ を母点（図中の○）とするボロノイ図を作り，住民代表点の母点への割り当て $A_k(F_1, F_2, \ldots, F_K)$ を決定する
- その割り当ての下でローカルなヴェーバー点 $G_k^*(k = 1, 2, \ldots, K)$ を決定する（図中の □）
- $(F_1, F_2, \ldots, F_K) = (G_1^*, G_2^*, \ldots, G_K^*)$ とおいて繰り返す

に目的関数値が改善される（図 3.4 参照）：

$$\phi(G_1^*, G_2^*, \ldots, G_K^*) \leq \psi(G_1^*, G_2^*, \ldots, G_K^*).$$

すなわち次が成立する：

$$\phi(G_1^*, G_2^*, \ldots, G_K^*) \leq \phi(F_1, F_2, \ldots, F_K)$$

このように，住民の施設への割り当てを保ったまま施設立地点を逐次的に改善することによって，目的関数値を単調に減少させることが可能である．これをアルゴリズムとして述べておこう：

複数施設のミニサム型配置問題アルゴリズム

【1】 $n = 0$ とし，施設群の初期値 $(F_1^0, F_2^0, \ldots, F_K^0)$ を与える．

【2】 $\psi(G_1, G_2, \ldots, G_K)$ を最小化し，解 $(G_1^*, G_2^*, \ldots, G_K^*)$ を得る（K 個のヴェーバー問題を独立に解けばよい）．

【3】 $n = n+1$ とし $(F_1^n, F_2^n, \ldots, F_K^n) = (G_1^*, G_2^*, \ldots, G_K^*)$ とする.

【4】 $\|(F_1^n, F_2^n, \ldots, F_K^n) - (F_1^{n-1}, F_2^{n-1}, \ldots, F_K^{n-1})\| < \epsilon$(十分 0 に近い正数) ならば $(F_1^*, F_2^*, \ldots, F_K^*) = (F_1^n, F_2^n, \ldots, F_K^n)$ と置いて終了. そうでなければ【2】へ行く.

第 2 節　ミニマックス型複数施設配置問題の定式化

前述では距離 $z(U_j; F_1, F_2, \ldots, F_K)$ の総和を最小化する，というタイプの定式化を行った．これを距離のべき乗 $\{z(U_j; F_1, F_2, \ldots, F_K)\}^\gamma$ の総和を最小化する，という問題に置き換えて，目的関数 $\phi_\gamma(F_1, F_2, \ldots, F_K)$ を最小化する問題を作ってみよう：

$$\text{Minimize} \quad \phi_\gamma(F_1, F_2, \ldots, F_K) = \sum_{j=1}^{J} \{z(U_j; F_1, F_2, \ldots, F_K)\}^\gamma$$

$$= \sum_{k=1}^{K} \left\{ \sum_{j \in A_k(F_1, F_2, \ldots, F_K)} \{d(U_j, F_k)\}^\gamma \right\}.$$

この目的関数においては，距離の γ 乗を，人口の重みを $w_j = 1$ として積算していることに注意して欲しい．ここで γ を十分に大きな正数とすれば，母点に割り当てられる人口代表点集合 $A_k(F_1, F_2, \ldots, F_K)$ のなかで最も遠いものからの距離

$$\max_{k \in \{1,2,\ldots,K\}} \left[\max_{j \in A_k(F_1, F_2, \ldots, F_K)} d(U_j, F_k) \right]$$

が，目的関数 ϕ_γ の値に最大の影響を与えることになる．すなわちミニマックス型施設配置問題（距離の最大値を最小化する施設配置問題）の，良い近似目的関数となることが期待される．この問題が前節のミニサム型施設配置問題のアルゴリズムとほとんど同様の手続きで解けることはほとんど自明である．なお，このアイデアは [303] で提案されたものである．

複数施設のミニマックス型配置問題アルゴリズム

【1】 $n = 0$ とし，施設群の初期値 $(F_1^0, F_2^0, \ldots, F_K^0)$ を与える．

【2】 $\psi_\gamma(G_1, G_2, \ldots, G_K)$ を最小化し，解 $(G_1^*, G_2^*, \ldots, G_K^*)$ を得る（K 個の，距離の γ 乗の総和を最小化する問題を独立に解けばよい）．

【3】 $n = n + 1$ とし $(F_1^n, F_2^n, \ldots, F_K^n) = (G_1^*, G_2^*, \ldots, G_K^*)$ とする．

【4】 $\|(F_1^n, F_2^n, \ldots, F_K^n) - (F_1^{n-1}, F_2^{n-1}, \ldots, F_K^{n-1})\| < \epsilon$（十分 0 に近い正数）ならば $(F_1^*, F_2^*, \ldots, F_K^*) = (F_1^n, F_2^n, \ldots, F_K^n)$ と置いて終了．そうでなければ【2】へ行く．

第3節　数値例

円盤都市内でのミニサム型問題

まずは円盤都市内で住民代表点 U_j をランダムに発生させてみよう．図3.5 では半径 20 の円盤内で互いに独立に一様分布に従う 1,000 個の点を発生させた．ただし，各点の人口の重みは一律とする：$w_j =$（正の定数）$(j = 1, 2, \ldots, J)$．図 3.5(a) の番号つきの点は，10 個の施設の初期値を意味しており，矢印は第1ステップでの（住民の割り当てを固定した）ローカルなヴェーバー点への移動を示している（前述のアルゴリズムの【2】に相当する）．この初期値に対応して最終的に得られる局所最適解は図 3.5(b) のとおりである．一様乱数に従う結果だから，施設がほぼ均等に配置され，その誘致圏域もほぼ一律の大きさとなっていることが納得できる．ちなみに住民の平均移動距離は円盤半径の 0.211 倍となっている．

続いて同じく半径 20 の円盤都市内で Clark 型分布に従う乱数を 1,000 点発生させた結果を図 3.6 に示す．Clark 型分布とは回転対称な指数分布に相当し，中心性を持った大都市における人口密度を比較的良く再現できることが知られている（8 章参照のこと）．つまり中心部にいくほど出現しやすいような乱数を用いたのである．図 3.6(a) を見ればわかるとおり，初期値からスタートして施設群が中心方向に引きつけられることになる．そして局所最適解は，図 3.6(b) のように密集した施設配置となっている．このとき，住民の平均移動距離は円盤半径の 0.126 倍である．

円盤都市内でのミニマックス型問題

図 3.6 と同様の Clark 型人口分布に従う 1,000 点に対して，ミニマックス型問題を解いた例が図 3.7 である．図 3.6 と同様の中心性を持った人口分布に対しているにもかかわらず，図 3.7 では図 3.6 のように施設の集中が見られず，均一な施設分布に近い解が得られている．

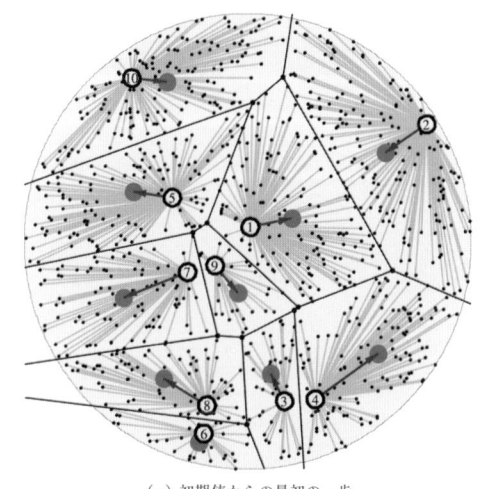

(a) 初期値からの最初の一歩
(番号のついた点が初期値であり，矢印の行き先がローカルなヴェーバー点)

(b) 初期値に対応する局所最適解

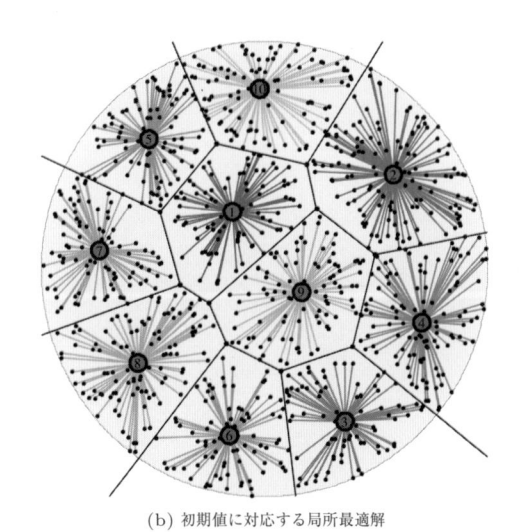

図 3.5　均一分布に従うランダムな 1,000 個の人口代表点に対するミニサム型施設配置問題
（ただし $w_j =$ （一定値）とし，施設数は $K = 10$ 個とした）

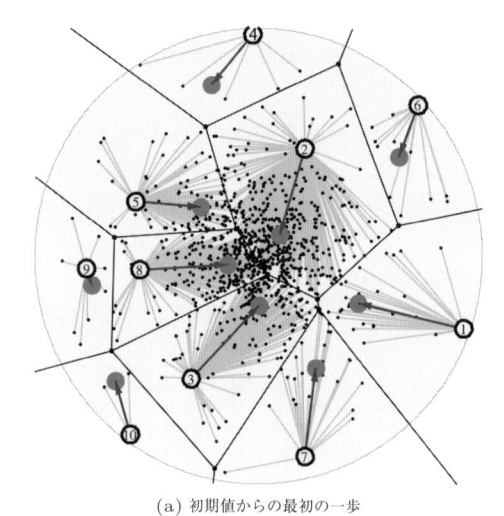

(a) 初期値からの最初の一歩
(番号のついた点が初期値であり，矢印の行き先がローカルなヴェーバー点)

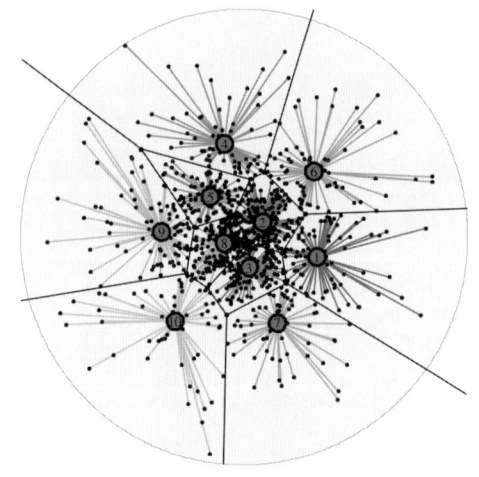

(b) 初期値に対応する局所最適解

図 3.6 Clark 型分布に従うランダムな 1,000 個の人口代表点に対するミニサム型施設配置問題
(ただし $w_j = (一定値)$ とし，施設数は $K = 10$ 個 とした)

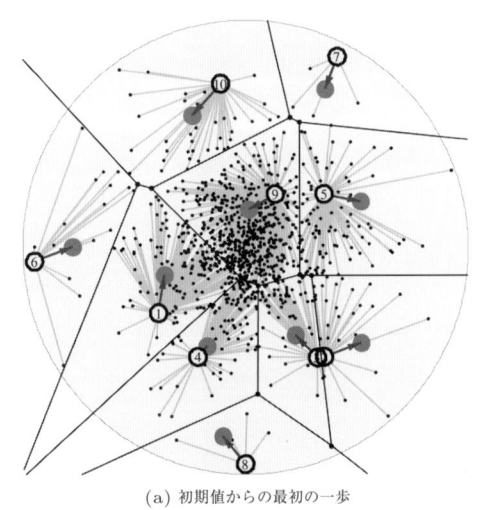

(a) 初期値からの最初の一歩
(番号のついた点が初期値であり，矢印の行き先が"ローカルな距離の γ 乗の総和を最小にする点")

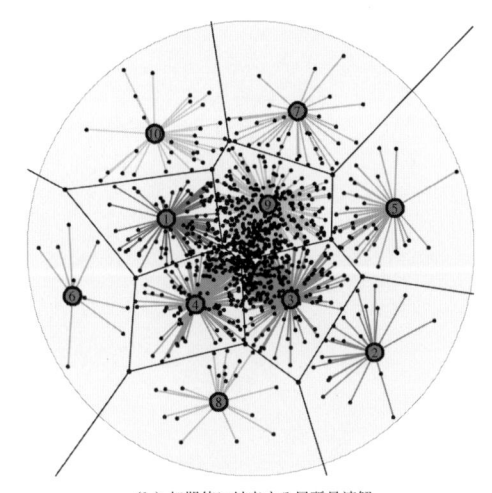

(b) 初期値に対応する局所最適解

図 3.7 Clark 型分布に従うランダムな 1,000 個の人口代表点に対するミニマックス型施設配置問題（ただし $\gamma = 20$ とし，施設数は $K = 10$ 個とした）

(a) 初期値からの最初の一歩 —現状の平均距離は 990m—
(番号のついた点が現状の休日診療所であり，矢印の行き先が"ローカルな距離の総和を最小にする点")

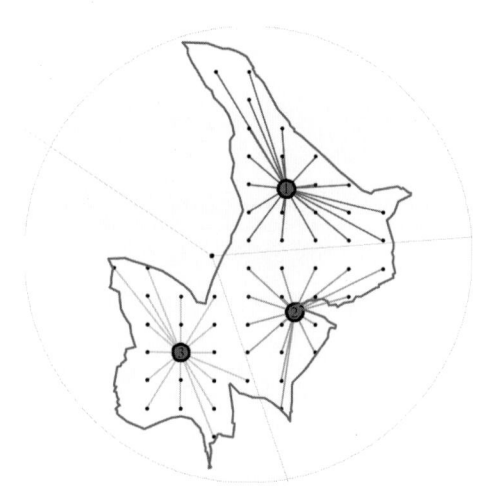

(b) 初期値に対応する局所最適解 —最適解での平均距離は 899m—

図 3.8 東京都目黒区の現在の休日診療所（1：中目黒休日診療所　2：鷹番休日診療所　3：八雲あいアイ館診療所）を初期値とするミニサム型施設配置問題
（図中の目黒区境界内の格子点は 500m メッシュ人口データの中心点を表している）

現実の都市・地域への適用例

さらに，現実の都市・地域の例として，東京都目黒区の 500m メッシュ人口データを用いた結果を示しておこう．目黒区には図 3.8(a) に示すとおり，休日診療所が 3 箇所に存在する．この現状における住民の平均移動距離は，直線距離にして 990m と見積もられる（図中のメッシュ中心からの直線距離にメッシュ人口の重みをつけて求めた）．現在の配置を初期値としてミニサム型施設配置問題を解くと，図 3.8(b) を得る．そこでの住民の平均距離は 899m と見積もられる．91m ほどの改善が見込まれることがわかる．この改善分を大きいとみるか，些少なるものとみるかは人それぞれであろうが，都市計画上の課題を数値的に浮き彫りにしていることは間違いないであろう．

同様に現状の配置を初期値として，ミニマックス型問題の局所最適解を求めたのが図 3.9 である．この結果は 2 節の目的関数 ϕ_γ において $\gamma = 100$ と置くことによって得られたものである．図 3.9 を図 3.8(b) のミニサム型問題の結果と比較すると，（たまたま）住民の施設への割り当ては共通であるが，施設位置にかなりの差異があることがわかる．ミニサム型が地域全体での移動エネルギ消費の削減を，ミニマックス型が弱者（大きな距離を克服すべき人）を救うことを目的としていることが，この結果から如実に読み取れる．

さらに実践的に，現状の休日診療所に加えて一つないし複数の休日診療所を追加するとすれば何処に設けるべきか，という問題を解くことも可能である．また，乱数を用いて複数施設の初期値を与え，現実地域の最適施設配置を追求することができるのも言うまでもない．

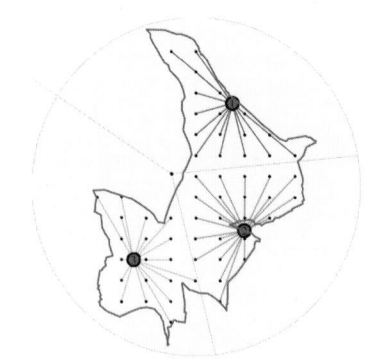

図 3.9 東京都目黒区の現在の休日診療所を初期値とするミニマックス型問題の局所最適解
（$\gamma = 100$ と置いた結果）

第4節　結語

　本章では，誠に単純なルールで複数施設のミニサム型配置問題（ならびにミニマックス型配置問題）の局所最適解を求めることができることを数値例と共に示した．このアルゴリズムは次のように重要な示唆を与える．

　ミニサム型問題の場合で説明しよう．都市平面上に，自由に動き回ることができる同一種類の施設が複数立地しているものとする．自分のところへ来てくれている客の位置に対応するヴェーバー点に施設が移動する，というルールを適用しよう．すべての施設がこのルールに従って定期的に移動すれば，やがては都市全体での総移動エネルギーを極小化できるのである．現実の都市においては施設の新設や撤廃もなされるし，人口分布に時間的な変動も生ずる．しかし，巨視的に見れば，移動エネルギー最小化のための造形論理（施設の相対的な立地を形造る理）として，本章の内容が横たわっているのである．もちろん，これはミニマックス型についてもいえる重要な性質である．

　なお，本章のような離散的人口分布ではなく，連続的な人口分布に対して複数施設のミニサム型配置問題を追及した研究もあり，それは『地理的最適化問題』という名の下に統一的に記述されている [301], [302]．これも重要な研究の系譜である．

演習問題
【問題 1】　他の距離モデル（例えば直交距離）で本章と同様の分析を行うことは可能だろうか．そのために必要な技術は何か．
【問題 2】　都市施設にはサービスの階層構造が存在することも多い．たとえば，上位の施設は { サービス 1, サービス 2 } を提供し，下位の施設は { サービス 1 } のみを提供するといった具合．上位の施設を m 箇所に，下位の施設を n 箇所に設けるとして，本章の方法論を適用するためには，どのようなモデルを定式化すればよいか．

Chapter 4
Method of Distance Distribution for Inter-Regional Passages

4章 連絡通路と距離分布の作法

解題

　本章では分断された二つの領域を結びつける連絡通路の配置を考察するためのモデル分析を取り上げます．河川や海峡や峡谷によって分断された二つの地域を結びつける橋は何処に設けるべきでしょうか．鉄道が地域を二つに分断しているときに，踏切や地下通路はどの地点に設けたらよいのでしょうか．細長い工場が平行に配置されているとき，両者の間を行き来するための連絡廊下はどの位置に設けるべきでしょうか．ツイン高層ビルを高架連絡通路で結ぶとき，その高さはどのようにして決めたらよいのでしょうか．このように，**都市・地域・建築の造形をめぐって連絡通路の設計原理という重要なテーマが存在する**ことに気がつきます．

　ここでは，このテーマに対して，分断されて存在する平行な 1 次元区間を結びつける連絡通路の位置（一例は川の向こう岸とこちら岸を結ぶ橋）を取り上げて数理モデルを作りましょう．ただし，この問題に二つの側面から光を投げ掛けることにします．

　第一の側面は，利用者の公平性に関するものです．連絡通路を設けた瞬間に，その空間内のさまざまな 2 点間を移動するための距離が決定されます．ある人にとって便利な連絡通路の位置は，別の人にとっては不便であるかもしれないのです．これは実は 1, 2, 3 章の 2 次元ならびに 1 次元でのミニサム型施設配置問題にもいえることです．これを明らかにするためには，対象とする空間に存在するトリップパターン（何処から何処へ移動するか）ごとに，連絡通路の位置を前提として距離を算出し，その分布（ヒストグラムのようなもの）を描くことが有効です．さらには，それに基づいて移動距離の特性値（平均値や分散など）を算出すればよい．この方法によれば設計者は，通路の位置の代替案に応じて，提供されるサービス水準を把握することができるでしょう．本章はこれ

を行うための手続きを具体例と共に示します．

　第二の側面は，連絡通路の位置によって決まる利用者の移動距離の総和です．これを最小とすべく通路の設計を行う，というアイデアを取り上げましょう．1, 2, 3 章でも述べましたが，地域全体あるいは建築物全体での移動コスト（あるいは移動エネルギー）の総和を小さくすることには，社会的な最適設計という意義があります．本章の純化したモデルは，連絡通路の設計者が踏まえるべき知見を提供します．

　なお本書では紙面の制約から述べることができませんが，筆者は (1) 連絡通路の本数を増やしていくときの最適解の挙動，(2) 連絡通路ごとに移動速度が異なる場合の取り扱い，(3) 必ずしも最短経路を選ばない移動者の存在，(4) ビルのエレベータ・エスカレータ・階段配置による距離分布の計測，といった内容の研究も行っています．本章の内容は，こうした応用研究のための大切な基礎ともなります．

　都市・地域の設計や建築空間の設計にはさまざまな方法論的蓄積があり，それはそれで誠に素晴らしい．学ぶべき知見は山のようにあるでしょう．しかし，具体的な設計案がその空間の利用者（住民や滞留者）に提供するサービスの水準は如何に？この水準を具体的な数値を踏まえて（科学的に）見積もるための手続きは潤沢には用意されていない．都市空間・建築空間への科学的な接近，という学術分野のなかで，この見積もりはいまだ黎明期にある重要なテーマなのです．

第1節　連絡通路の基本モデル

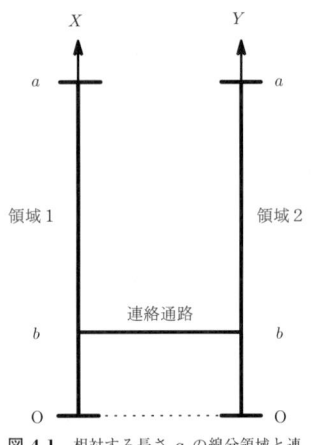

長さ a の線分領域が相対しているものとする．たとえば，川や鉄道に分断された二つの地域や，並列した建築物を想像してほしい．こうした二つの線分領域を結ぶ連絡通路（踏切，地下道，歩道橋，渡り廊下等）を何処に設ければどの程度のサービス水準が達成されるか？これを議論するために，図 4.1 のように二つの線分領域を原点が相対する平行な X 軸ならびに Y 軸で与え，位置 b に連絡通路を設けることにする．ここでは簡単化のために各領域で，移動の起・終点が均一に分布しているものとしよう．

図 4.1 からわかるとおり，b がどのような値を取ろうとも，連絡通路の長さは一定である．そこで連絡通路の長さは便宜上 0 とみなそう．必要ならば後で移動距離に連絡通路長を加算すればよい．このとき，領域 1 の位置 $x \in [0, a]$ と領域 2 の位置 $y \in [0, a]$ の間の距離 r は次式のとおりである：

$$r = |x - b| + |y - b|. \tag{4.1}$$

ここで便宜上，直交座標 X-Y を設け，直積 $[0, a]^2$ を考える．このとき $(x, y) \in [0, a]^2$ はトリップペアを意味することになる（図 4.2）．この直積を図 4.2 の I, II, III, IV のとおりに四つの部分領域に直和分解すると，式 (4.1) の r は次のとおりに整理される：

I. $r = 2b - x - y \quad (0 \leq x < b,\ 0 \leq y < b)$,
II. $r = x + y - 2b \quad (b \leq x \leq a,\ b \leq y \leq a)$,
III. $r = x - y \quad (b < x \leq a,\ 0 \leq y < b)$,
IV. $r = y - x \quad (0 \leq x < b,\ b < y \leq a)$.

図 4.1　相対する長さ a の線分領域と連絡通路

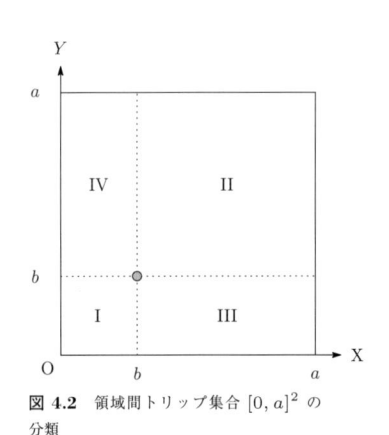

図 4.2　領域間トリップ集合 $[0, a]^2$ の分類

これらの式から，距離が丁度 r であるようなトリップペアの集合が，対角線の長さが $2r$ で，45 度だけ傾いた正方形の周と $[0,a]^2$ の交わりで表されることが判明する．ただし，この正方形の中心点は $(x,y)=(b,b)$ に一致している（図 4.3）．この丁度距離 r のトリップ集合の長さを図 4.3 の太線のように $L(r)$ としよう．ここで，r の確率密度を $f(r)$ とすると，$f(r)$ は長さ $L(r)$ を $\sqrt{2}a^2$ で除すことによって与えられる：

【距離分布公式】 $\quad f(r) = \dfrac{L(r)}{\sqrt{2}a^2}. \qquad (4.2)$

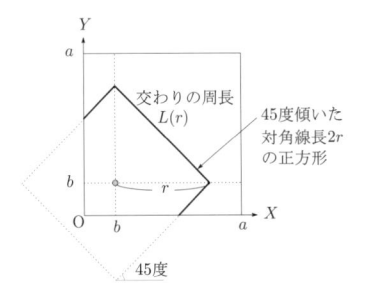

図 4.3 (b,b) を中心とする対角線長さ $2r$ の 45 度傾いた正方形（トリップ全体集合との交わり部分の周長を $L(r)$ とする）

【距離分布公式の証明】
距離が $[r, r+\Delta r)$ である確率を $f(r)\Delta r$ とすると

$$f(r)\Delta r = \left\{ L(r) \times \frac{\Delta r}{\sqrt{2}} + o(\Delta r) \right\} \times \frac{1}{a^2} \qquad (4.3)$$

である（図 4.4 に例示）．ただし，$o(\cdot)$ はランダウの記号であり

$$\lim_{\Delta r \to +0} \frac{o(\Delta r)}{\Delta r} = 0$$

を意味している（すなわち $o(\Delta r)$ は Δr に比べればゴミのような存在である）．(4.3) 式の両辺を Δr で除し，$\Delta r \to 0$ なる極限操作を施せば次式を得る：

$$f(r) = \frac{L(r)}{\sqrt{2}a^2}. \qquad (4.4)$$
■

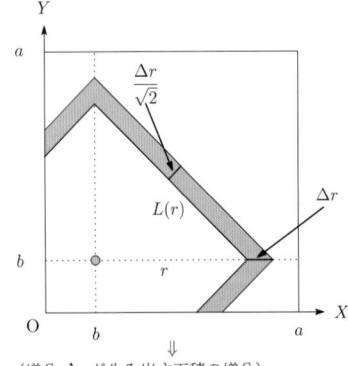

さて，長さ $L(r)$ に対応した周の形状は r の増大に連れて変化する．この変化は（イ）$0 \le b < a/3$ と（ロ）$a/3 \le b \le a/2$ に場合分けして記述される（図 4.5 と図 4.6 参照）．

（増分 Δr が生み出す面積の増分）
$= L(r) \times \dfrac{\Delta r}{\sqrt{2}} + o(\Delta r)$

図 4.4 増分 Δr でできる微小領域の面積の様子

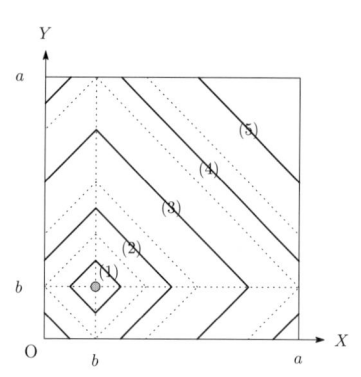

図 4.5 $0 \leq b < a/3$ のときの長さ $L(r)$ の分類

(イ) $0 \leq b < a/3$ のとき

$$f(r) = \begin{cases} \dfrac{4r}{a^2} & (0 \leq r < b), \\ \dfrac{4b}{a^2} & (b \leq r < 2b), \\ \dfrac{2b+r}{a^2} & (2b \leq r < a-b), \\ \dfrac{4a-2b-3r}{a^2} & (a-b \leq r < a), \\ \dfrac{2a-2b-r}{a^2} & (a \leq r \leq 2(a-b)). \end{cases}$$

(ロ) $a/3 \leq b \leq a/2$ のとき

$$f(r) = \begin{cases} \dfrac{4r}{a^2} & (0 \leq r < b), \\ \dfrac{4b}{a^2} & (b \leq r < a-b), \\ \dfrac{4(a-r)}{a^2} & (a-b \leq r < 2b), \\ \dfrac{4a-2b-3r}{a^2} & (2b \leq r < a), \\ \dfrac{2a-2b-r}{a^2} & (a \leq r \leq 2(a-b)). \end{cases}$$

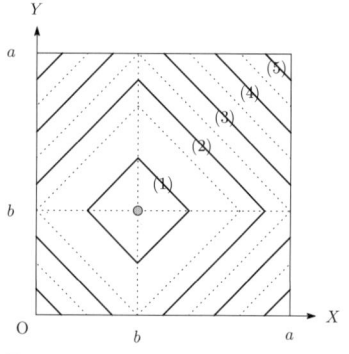

図 4.6 $a/3 \leq b \leq a/2$ のときの長さ $L(r)$ の分類

b の値すなわち連絡通路の設置場所によって距離の確率密度関数の概形が変化する様子を図 4.7 に示す.b が 0 からスタートして $a/2$ に近づくに連れて,距離分布の裾が軽くなっていくのがわかる.

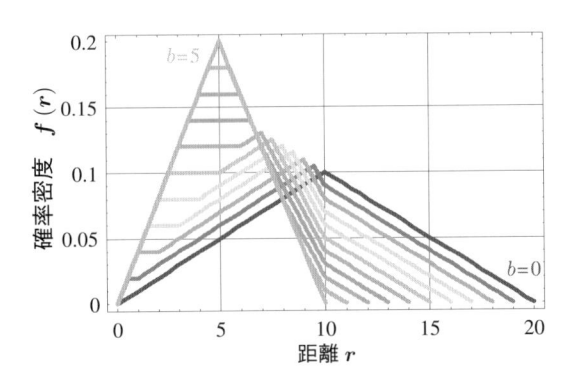

図 4.7 距離 r の確率密度関数（$a=10$ とし，b は 0 から 5 まで 0.5 刻みで変化させた）

1.1 距離 r の特性値と連絡通路の最適位置

距離 r の平均値 $\langle r \rangle$，2 乗の平均値 $\langle r^2 \rangle$ ならびに標準偏差 σ_r を求めると，（イ）の場合も（ロ）の場合も同一の結果になる：

$$\langle r \rangle = \frac{(b-a)^2 + b^2}{a}, \tag{4.5}$$

$$\langle r^2 \rangle = \frac{7a^2}{6} - 4ab + 6b^2 - \frac{4b^3}{a} + \frac{2b^4}{a^2}, \tag{4.6}$$

$$\sigma_r = \sqrt{\frac{a^2}{6} - 2b^2 + \frac{4b^3}{a} - \frac{2b^4}{a^2}}. \tag{4.7}$$

平均距離は

$$\langle r \rangle = \frac{2}{a}\left\{\left(b - \frac{a}{2}\right)^2 + \frac{a^2}{4}\right\} \tag{4.8}$$

と書き直せるから，$b^* = a/2$（領域の中央に連絡通路を設けることに対応）のとき最小解 $\langle r \rangle^* = a/2$ を得る．これは直観どおりの結果であろう．

1.2 移動の起・終点が領域内で一様でない場合の距離分布算出法

一様でないトリップ密度関数が

$$\lambda = \lambda(x,y), \quad (x,y) \in [0,a]^2 \tag{4.9}$$

と与えられているものとする．これは可積であるとし，

$$\int_{[0,a]^2} \lambda(x,y)\,\mathrm{d}x\,\mathrm{d}y = 1 \tag{4.10}$$

と規準化されているものとしよう．すなわちトリップの一端点が区間 $[x, x+\Delta x]$ にあって，もう一つの端点が区間 $[y, y+\Delta y]$ にある確率は $\lambda(x,y)\Delta x\Delta y$ である．このトリップ密度を図 4.5 ならびに図 4.6 の等高線の内側で積分することによって r の累積分布関数 $F(r)$ を算出すればよい：

$$F(r) = \int_{(x,y) \text{ の距離} \leq r} \lambda(x,y)\,\mathrm{d}x\,\mathrm{d}y. \tag{4.11}$$

これを r で微分すれば求める確率密度関数を得る．

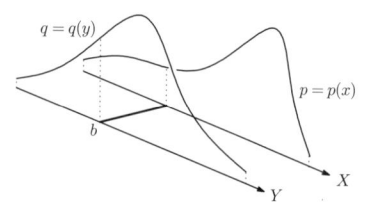

1.3 x と y が任意の連続分布に従う場合の最適配置

前述のトリップ密度が $\lambda(x,y) = p(x)q(y)$ と表されるものとしよう．すなわち図 4.8 のように，一方の側の人口密度を $p = p(x)$ で，もう一方の側の人口密度を $q = q(y)$ で与え，任意の人同士が一定頻度で行き来すると想定する訳である．ここですべての移動は位置 b を通ることに着目すると次のことがわかる．すなわち連絡通路を通る移動距離の総和は，X 軸の全員が一度ずつ位置 b を訪れるときの総距離と，Y 軸の全員が一度ずつ位置 b を訪れるときの総距離を足し合わせたものとなるのである．これを式で表すと

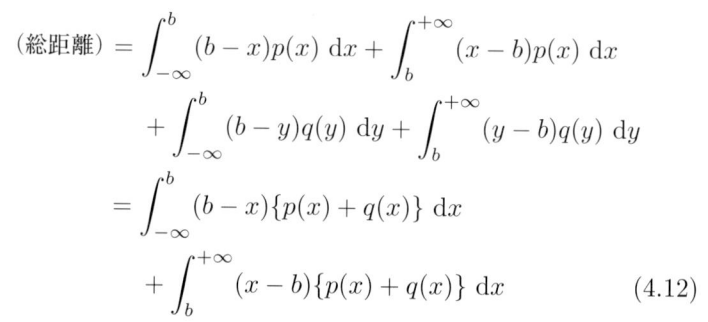

$$\begin{aligned}
(\text{総距離}) &= \int_{-\infty}^{b}(b-x)p(x)\,\mathrm{d}x + \int_{b}^{+\infty}(x-b)p(x)\,\mathrm{d}x \\
&\quad + \int_{-\infty}^{b}(b-y)q(y)\,\mathrm{d}y + \int_{b}^{+\infty}(y-b)q(y)\,\mathrm{d}y \\
&= \int_{-\infty}^{b}(b-x)\{p(x)+q(x)\}\,\mathrm{d}x \\
&\quad + \int_{b}^{+\infty}(x-b)\{p(x)+q(x)\}\,\mathrm{d}x
\end{aligned} \tag{4.12}$$

図 4.8 任意の端点分布 $p = p(x)$ と $q = q(y)$ と通路の位置 b

となる．これは，人口密度が $p(x) + q(x)$ で与えられるときの，1 次元

上のヴェーバー問題の目的関数に他ならない（2章の図 2.4 参照）．すなわち，最適解 b^* は両側の人口密度を足し合わせた密度 $p(x)+q(x)$ の中央値に他ならない：

$$\int_{-\infty}^{b^*}\{p(x)+q(x)\}\,\mathrm{d}x = \int_{b^*}^{+\infty}\{p(x)+q(x)\}\,\mathrm{d}x. \quad (4.13)$$

第2節 ビル間デッキの最適配置モデル

今度は建築設計分野における最適配置モデルを考えよう．図 4.9 のように高さ H のツインビルを高さ h のデッキで結ぶものとする．$0 \leq h \leq H$ である．このような通路は都市の商業施設（例えば渋谷西武百貨店，二子玉川高島屋など）やオフィス住居系高層ビル（例えば東京都中央区築地の聖路加タワー）に見られる．また，都心駅の駅前で多くのビル同士を結びつけるペデストリアンデッキも，こうした連絡通路の一類型とみなせる．写真に示すのはいくつかの典型的な実例である．

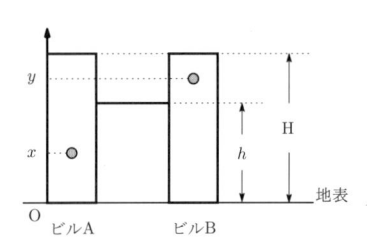

図 4.9 のように地表を原点とする鉛直方向上向きの座標軸を設け，ビル A の移動端点を x とし，ビル B の移動端点を y とする．点 x と点 y の間の移動者にとって便利なデッキ高を追求したいのである．

x と y を結ぶ経路は，図 4.10 のように 2 通りある：経路 1 が地表を経由する経路で，経路 2 がデッキを経由する経路．ただし，これら経路の共通部分すなわち水平方向の移動距離は，デッキの位置 h に依存しない．そこで，経路 1 と経路 2 の鉛直方向の移動距離 r_1 ならびに r_2 に着目することにしよう：

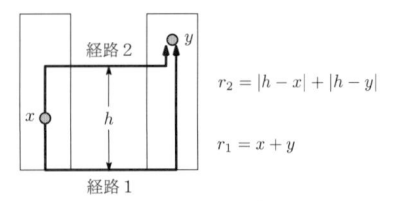

$$r_1 = x + y,$$
$$r_2 = |h - x| + |h - y|.$$

移動者は当然これら二つのうちの小さな値を持つ経路を選択するだろう．すなわち，x, y 間の鉛直方向移動距離を r とすると

$$r = \min\{r_1, r_2\}$$

と表される．

このように，(x, y) に応じて r_1 と r_2 の大小関係を吟味して r を記述すればよい．これを具体的に行うと，(x, y) が図 4.11 のⅠ～Ⅴのどの領

歩行者の様子

デッキの外観

写真　渋谷駅から東急文化会館へ向かって明治通りを跨ぐ連絡デッキ

写真　『渋谷西武百貨店』の連絡デッキ

Method of Distance Distribution for Inter-Regional Passages　｜　ビル間デッキの最適配置モデル

写真　東京築地『聖路加タワー』のビル同士を地上100mで結ぶ長さ25mの高架デッキ
（レジデンス棟の32階とオフィス棟の28階を連結する）

域に含まれるかによって r が記述され尽くすことがわかる：

$$(x, y) \in \text{I} \text{ のとき} r = x + y,$$
$$(x, y) \in \text{II} \text{ のとき} r = 2h - x - y,$$
$$(x, y) \in \text{III} \text{ のとき} r = x + y - 2h,$$
$$(x, y) \in \text{IV} \text{ のとき} r = -x + y,$$
$$(x, y) \in \text{V} \text{ のとき} r = x - y.$$

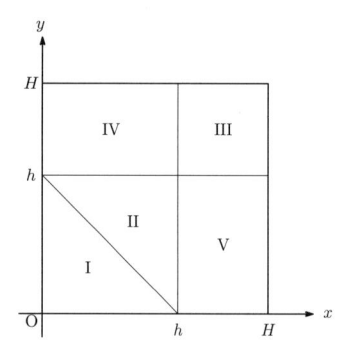

図 4.11 x, y 間鉛直距離の場合分け

いま簡単に x と y が独立に $[0, H]$ の一様分布に従うものとして，距離 r の確率密度関数を導いてみよう．そのために，まずは図 4.12 に示すように，直交座標の $(x, y) = (0, 0)$ なる点と $(x, y) = (h, h)$ なる点（ともに鉛直方向の移動距離が 0 である起・終点ペアに対応）に着目する．距離 r が 0 からスタートして漸増していくとき，r の等高線は，図 4.12 中の $(0, 0)$ と (h, h) の各々を中心とする，45 度傾いた正方形（ただし対角線長は $2r$）で与えられる．これは図 4.3 と同様の理屈である．したがって，これに基づいて二つの成長する正方形と $[0, H]^2$ の交わりの周長を $L(r)$ として距離分布公式 (4.2) を適用すれば，初期の目的が達せられる．ただし，図 4.12 を見ればわかるとおり，二つの 45 度傾いた正方形

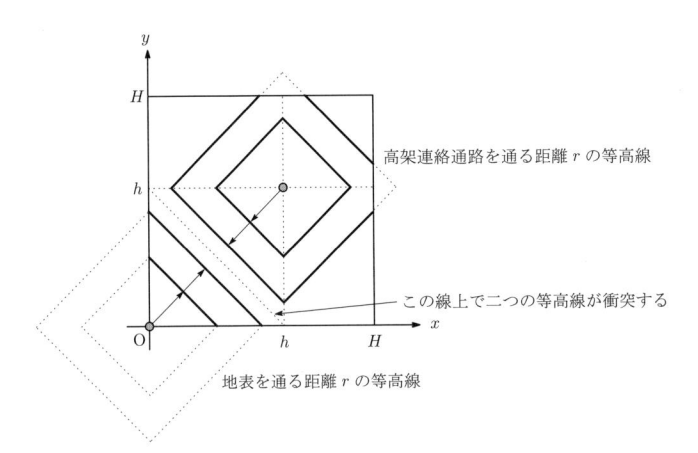

図 4.12 　鉛直距離 r の等高線

は成長に連れて，(i) 正方形 $[0, H]^2$ とあちらこちらで衝突すると共に，(ii) 成長する正方形同士も互いに衝突する．このことに着目して $L(r)$ の r の範囲による場合分けを慎重に行わねばならない．これを行うと，以下のように 3 通りに場合分けして距離の密度関数 $f(r)$ が導出される．

(イ) 　$0 \leq h < H/2$ のとき

$$f(r) = \begin{cases} \dfrac{5r}{H^2} & (0 \leq r < h), \\ \dfrac{2h+r}{H^2} & (h \leq r < H-h), \\ \dfrac{4H-2h-3r}{H^2} & (H-h \leq r < H), \\ \dfrac{2H-2h-r}{H^2} & (H \leq r < 2(H-h)). \end{cases}$$

(ロ) $H/2 \leq h \leq 2H/3$ のとき

$$f(r) = \begin{cases} \dfrac{5r}{H^2} & (0 \leq r < H-h), \\ \dfrac{4H-4h+r}{H^2} & (H-h \leq r < h), \\ \dfrac{4H-2h-3r}{H^2} & (h \leq r < 2(H-h)), \\ \dfrac{2H-2r}{H^2} & (2(H-h) \leq r < H). \end{cases}$$

(ハ) $2H/3 \leq h \leq H$ のとき

$$f(r) = \begin{cases} \dfrac{5r}{H^2} & (0 \leq r < H-h), \\ \dfrac{4H-4h+r}{H^2} & (H-h \leq r < 2(H-h)), \\ \dfrac{2H-2h+2r}{H^2} & (2(H-h) \leq r < h), \\ \dfrac{2H-2r}{H^2} & (h \leq r < H). \end{cases}$$

以上の確率密度関数を示すのが図 4.13 である．ここではビル高さを $H=10$ として (i) に $h=0 \sim 5$ の，(ii) に $h=5.5 \sim 10$ の概形を，0.5 刻みで描いた．これをみると最初のうちはデッキ高 h の増加に伴って分布の裾が軽くなるが，あるレベルを過ぎると h の増加に連れて逆に分布の裾が重くなっていく．つまり $[0,H]$ の中間点に最適デッキ高が存在するのである．そこで，平均鉛直距離 $\langle r \rangle$ を算出すると

$$\langle r \rangle = -\frac{h^3}{3H^2} + \frac{2h^2}{H} - 2h + H \tag{4.14}$$

となる（前出の（イ），（ロ），（ハ）いずれの場合も結果は同じ）．ここから最小解が

$$h^* = (2-\sqrt{2})H \simeq 0.586H \tag{4.15}$$

で与えられることがわかる．平均鉛直距離を最小化するデッキ高はビル高の約 6 割なのである．

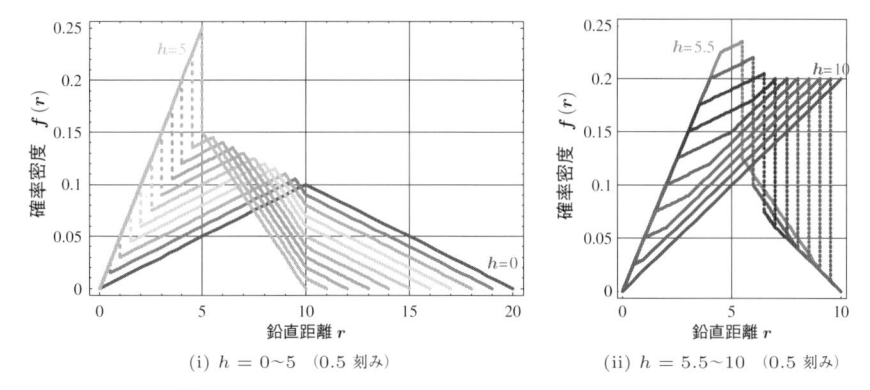

(i) $h = 0 \sim 5$ （0.5 刻み） (ii) $h = 5.5 \sim 10$ （0.5 刻み）

図 4.13　鉛直距離 u の確率密度（ビル高さ $H = 10$ の例）

一方，r のミニマックス問題を解くと，解は $H/2 \leq h \leq H$ で不定となる（目的関数値は H）．したがって，ミニサム型の解がミニマックス型の解を兼ねていることが理解される．

さらに一般的に，高さ $h_1, h_2, \ldots, h_n$ にデッキを同時に設けるとして平均鉛直距離を最小化すると次のように等間隔配置の最適解を得る（算出過程は割愛する）．

$$h_1^* = \frac{2n - \sqrt{2}}{2n^2 - 1} H,$$
$$h_i^* = i h_1^* \quad (i = 2, 3, \ldots, n).$$

第3節　発展

　本章で取り上げた問題の構造は都市空間や建築空間の其処此処に存在している．したがって，本章のモデルは実にさまざまに応用可能である．キーポイントは
(1) 二つの区間の起・終点を直交座標を用いて表現し，移動距離の定式化に役立てること
(2) 距離分布公式に基づいてシステマティックに距離の分布を算出すること
(3) 起・終点が一様でない場合には累積分布関数を積分計算で求めること

とまとめられるだろう．

　具体的な応用研究としては，地域を結ぶ橋の本数と迂回の是正度合いのモデル [402]，地域を結ぶ橋の逐次的な添加計画の立案 [404]，駅構内の連絡通路の最適設計に関するモデル分析 [403]，多くのビル同士を結びつけるペデストリアンデッキや高架デッキの最適設計 [401], [405] といった内容がある．さらに，扇状地のように複数の川が並行しているときの橋のモデルも本章のモデルの組合せで作成できる．

演習問題

【問題1】　複数の連絡デッキの各々で移動の速さが異なる場合にも本章と同様の方法で接近することが可能である．その場合，モデルをどのように修正すればよいか．

【問題2】　ビル内の鉛直方向の人口分布は必ずしも一様ではない．たとえば，それは5章で述べる奥平のエレベータ断面積モデルが示すとおりである．たとえば，奥平のモデルに従うツインビルをデッキで結ぶとき，距離の（あるいは所要時間の）確率密度関数はどのように得られるか．

【問題3】　駅に隣接するさまざまな高さの複数のビル同士をペデストリアンデッキで結ぶときの，合理的な方法を考案せよ．

Chapter 5
Okudaira's Cross-Sectional Elevator Bank Model

5章 奥平のエレベータ断面積モデル

解題

　都市内や建築物内の交通路を観察すると，場所によってその充実度に差があることに気がつきます．道路の場合はリンクによって幅員が異なりますし，鉄道の場合も単線・複線・複々線の差があってダイヤグラムの粗密が見て取れます．駅舎やビルの内部にある通路を見ても，幅員が広い部分もあれば狭い部分もある．このような交通容量の多寡は如何なる論理で決まっているのでしょう．**交通路の造形を下支えすべき論理**は一体どのようなものでしょうか．この（造形）論理を一言で述べると，"交通路の容量（幅員やダイヤグラムの充実度のこと）は，通過させるべき交通量に見合ったものとすべし" という表現に尽きます．すなわち，沢山の人々が通過する場所では幅員を大きくすべし，あるいはダイヤグラムを密にすべし，という具合．誠にもって当たり前の理屈だと思われるでしょう．ただし，これには空間設計に関するある宿命がつきまとうことを強調せねばなりません．

　その宿命とは，空間設計の本質が(1)居住空間と(2)交通路の空間のせめぎ合いにある，というものです．設計の対象がビルであるにせよ駅舎であるにせよ，あるいはもっとスケールの大きな都市・地域であるにせよ，人がいる部分と人が動き回る部分とを限られたスペースのなかに上手く埋め込む必要がある．このテーマは設計対象によらず共通です．居場所と動く場所の両者が空間の分捕り合戦を行う，その落としどころを如何に上手くつけるか，というのが設計の最重要テーマであり醍醐味なのではないでしょうか．このことを，もう少し敷衍して述べましょう．

　1個の建築物であれ都市・地域であれ，それを設計するための要件の一つに，少しでも多くの人々をそこに収容できるようにしたい，というものがあるでしょう．建築物と都市ではスケールの差は大きいものの，それが人間を収容すべき器である，という側面は共通なのです．設計者

が欲張ってあまりにも多くの人間をつめ込む設計を行ったとします．人間1人当たりが必要とするスペースには自ずと下限があるので，居住空間の肥大化によるしわ寄せがいろいろなところへいってしまうことになる．それが移動のための空間（交通インフラストラクチャーの取り分）にいくと，そこここで混雑が生じてしまいます．空間に人々を数多くつめ込むことによる効率性と，交通混雑による非効率性，この両者がトレードオフ（二律背反）の関係にあることを，計画者・設計者は強く意識せねばなりません．そして，それを意識するだけでなく，それに基づく設計作法を体得しておく必要があります．本章が解説するのは，この設計作法に対するマクロスコーピックな接近法に他なりません．

　以下で具体的に取り上げるのは，高層ビル内部のエレベータバンク構成に関する"奥平のエレベータ断面積モデル"です．これは，バンクの容量を必要十分に準備するための論理的な枠組みを，ごく簡単な微分方程式モデルで記述するものです．以下ではモデルを紹介した上で，設計の最適化をテーマにしたちょっとした遊びも述べます．エレベータの専門家は膨大かつ緻密なシミュレーションの結果に基づいて設計の基礎資料を作成することが知られています．そして，それはもちろんプロフェッショナルの仕事として尊敬に価します．しかし，そうしたオーソドックスな緻密さから少し離れてマクロモデルを作ることによって，居住空間と交通空間を同時に設計することの本質や宿命のようなものがあらわになってきます．別の言葉で標語的にいえば，本章が目指すものは"空間設計の数理的エスキース"である，と表現できましょう．

　今回のエレベータモデルは，高層ビルを上下方向に移動する人間に焦点を当てました．このモデルを横にすれば，直ちに道路や鉄道の容量を議論するモデルに変貌します．さらに同様のアイデア（通過人数に見合った交通容量を確保することを条件として，居住空間と交通空間とを同時に設計するというやり方）を2次元空間に適用すれば，混雑の生じない都市・地域の設計を提案することも可能になります．本章はそうした発展の基礎となる最単純モデル，という意義も持っているのです．

第1節　はじめに

　都心業務地区における建築物の高層化は，いまや世界的な潮流となっている．ゼネコンが，高さ1kmの超高層ビルの実現を真面目に議論しているのをご存知の読者もおられるだろう．また，業務用建築のみならず，住居建築においても高層化に拍車が掛かりつつある．高い地代を前提として，限られた平面に業務機能や住居機能を効率良く実現しようとすれば，ある程度の高層化は不可欠であろう．

　しかし，ただひたすら高くすれば良い訳ではない．実は，高層化するとエレベータの占める体積が増加するため，有効に利用できる体積がもくろみどおりには増えてくれないのである．ここでは，この観点からビルの適切な高さを論ずる"奥平のエレベータ断面積モデル[501]"を紹介し，ついでビル建設における利潤最大化モデルを定式化する．

第2節 定式化

図5.1のように底面積が$S[\mathrm{m}^2]$で高さが$H[\mathrm{m}]$のビルを想定する．ビル最上部を原点とする鉛直下向きのz座標を設けておく$(0 \leq z \leq H)$．そして，外部からやって来た人々がビル内のオフィスを訪れる，という通勤交通を考えよう．この場合，位置zのビル断面を通過する人数（これを**断面交通量**と呼ぶ）は，位置zよりも上の階に通勤する人の数である．よって，断面交通量はビルの上ほど（すなわちzが0に近づくに連れて）小さくなり，$z=0$においては（断面交通量）$=0$となる．

エレベータの役割は，上述の断面交通量を滞りなく流してやることに他ならない．すなわち，エレベータの能力はビルの下層階では大きくなければいけないが，上層階にいくに連れて小さくなってよいのである．具体的には複数本のエレベータを想定すればよい．すべてのエレベータが1階に起点を持つが，終点（折り返し点）は上階にいくほど減っていき，最上階を訪れるのはせいぜい1本程度である，といった具合．実際，多くの高層ビルのエレベータが，このような構成となっている．こうし

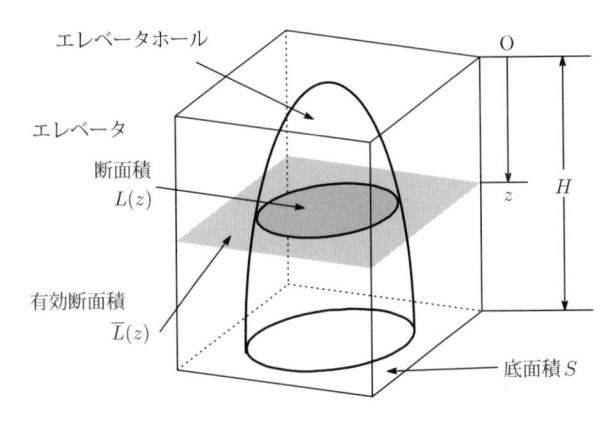

図5.1 高さHの建築物におけるエレベータの断面積

た内容を解析学的に取り扱うための便法として，図 5.1 の紡錘形の部分のように縦方向の通路を与える．そして

$$L(z) = (位置 z におけるエレベータの断面積) \quad [\mathrm{m}^2] \qquad (5.1)$$

と定義する．さらに

$$c = (単位面積のエレベータが通勤時間内に$$
$$スムーズに通過させることのできる人数) \quad [人/\mathrm{m}^2], \quad (5.2)$$
$$\rho = (ビル内オフィスの人口密度) \quad [人/\mathrm{m}^3] \qquad (5.3)$$

を定義する．ここで，位置 z でオフィスに使える面積は $S - L(z)$ だから，上述の内容を数式で表現すると

$$\rho \int_0^z \{S - L(z)\}\, \mathrm{d}z = cL(z) \qquad (5.4)$$

を得る．左辺は位置 z よりも上の階でのオフィスに使える体積にオフィス人口密度をかけたもの，すなわち位置 z よりも上の階のオフィス人口に他ならない．その人々が，通勤時間帯において気持ち良く位置 z を通過するためにはエレベータの断面積が $L(z)$ だけ必要とされる．これが式 (5.4) の解釈である．

式 (5.4) の両辺を z で微分すると

$$\rho\{S - L(z)\} = c\frac{\mathrm{d}L(z)}{\mathrm{d}z} \qquad (5.5)$$

すなわち

$$\frac{\mathrm{d}L(z)}{\mathrm{d}z} + \frac{\rho}{c}L(z) - \frac{\rho}{c}S = 0 \qquad (5.6)$$

なる 1 階線形微分方程式に帰着する．境界条件 $L(0) = 0$ の下でこれを解くと次式を得る：

$$L(z) = S(1 - e^{-\rho z/c}). \qquad (5.7)$$

なお1階線形微分方程式 $y' + p(x)y + q(x) = 0$ の一般解は

$$y = e^{-\int p(x)\,\mathrm{d}x}\left\{C - \int q(x)e^{\int p(x)\,\mathrm{d}x}\,\mathrm{d}x\right\}$$

である．念のため．

いま，ビルの断面積 S の内，エレベータが占める率を $r(z)$ とおくと

$$r(z) = \frac{L(z)}{S} = 1 - e^{-\rho z/c} \tag{5.8}$$

となる．

[504] の p.63 によれば，事務所の1人当たり占有面積は $9\mathrm{m}^2/$人 程度である．階高を3.5mとすれば1人当たりの占有体積は $9 \times 3.5 = 31.5\mathrm{m}^3/$人である．したがって，オフィス部分の人口密度 ρ は $31.5^{-1} \fallingdotseq 0.03$ 人$/\mathrm{m}^3$ 程度である．c は 30 人$/\mathrm{m}^2$ とすると，c/ρ は $30/0.03 = 1{,}000\mathrm{m}$ という具合に設定できる．まあ c/ρ を $1{,}000\mathrm{m}$ 前後にしておけばよかろう．いま例として 250m のビルを想定し，$c/\rho = 1{,}000\mathrm{m}$ の場合のエレベータ占有率 $r(z)$ を示すと図5.2のようになる．1階ではエレベータ・ホールに 20% 強が費やされているのがわかる．もしも同様の設定で高さ 1,000m のビルを設けると

$$r(1000) = 1 - e^{-1000/1000} \fallingdotseq 0.63 \tag{5.9}$$

すなわち1階ではエレベータ・ホールに 63% が費やされるのである．[501] が述べるとおり「これ以外に廊下や便所の面積を必要とするので有効に使える部分はほとんどなくなってしまう」という具合である．むやみに高層化するのは危険，危険！

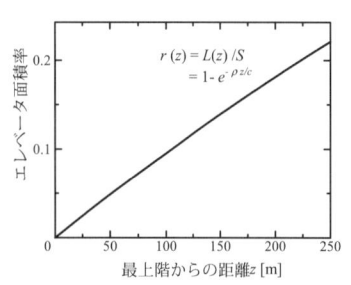

図 5.2 位置 z の断面にエレベータが占める率 $r(z)$
（$c/\rho = 1{,}000\mathrm{m}$ の例）

第 3 節　1 人当たりコストを最小化するビルの高さ

前節の結果に基づいて，オフィスワーカー 1 人当たりのコストを最小にする高さ H^* を求めてみよう．単純に，総コストは用地の取得費とビル建設費の和で表されるものとする．いま，地価を $a[円/m^2]$ とし，建築単価を $b[円/m^3]$ とすると，総コスト C は

$$C = aS + bSH = S(a + bH) \tag{5.10}$$

となる．一方，有効体積（エレベータ以外の体積）を V とすると，式 (5.4) ならびに式 (5.7) から

$$\begin{aligned} V &= \int_0^H \{S - L(z)\} \, dz = \frac{c}{\rho} L(H) \\ &= \frac{cS}{\rho} \left(1 - e^{-\frac{\rho}{c}H}\right) \end{aligned} \tag{5.11}$$

である．よって，ビルが収容するオフィスワーカーの数を W とすると，これは有効体積に人口密度を乗じて算出される：

$$W = \rho V = cS \left(1 - e^{-\frac{\rho}{c}H}\right). \tag{5.12}$$

したがって，オフィスワーカー 1 人当たりのコストを $\phi(H)$ とおくと，

$$\phi(H) = \frac{C}{W} = \frac{a + bH}{c\left(1 - e^{-\frac{\rho}{c}H}\right)} \tag{5.13}$$

である．

【1 人当たりコスト最小化問題】　　Minimize　$\phi(H)$

の 1 階の条件

$$\frac{b\left(1 - e^{-\frac{\rho}{c}H}\right) - (a + bH)\frac{\rho}{c}e^{-\frac{\rho}{c}H}}{c\left(1 - e^{-\frac{\rho}{c}H}\right)^2} = 0 \tag{5.14}$$

から
$$e^{\frac{\rho}{c}H} = 1 + \frac{\rho a}{cb} + \frac{\rho}{c}H \qquad (5.15)$$
が得られる．式 (5.15) から，ρ/c が所与のとき，最適高さはコスト比 a/b のみに依存することが判明した．式 (5.15) を満たす解 H^* はコスト比 a/b の単調増加関数である．つまり，建築単価に比べて地価が高いほど，ビルは高くすべきなのである．

ちなみに $a = 200$ 万円$/m^2$，$b = 10$ 万円$/m^3$（坪単価を 120 万円とし，階高を 3.5m とするとこうなる）と与え，前出にならって $c/\rho = 1{,}000$m とおくと，式 (5.15) は
$$e^{0.001H} = 1.02 + 0.001H \qquad (5.16)$$
となる．数値解を求めると，H^* は約 200m である．地価が高い地区においてはビルの高層化が経済学的・経営学的な必然なのである！

第4節　ディベロッパーの利益最大化問題

今度は，その地域の相場から，オフィスの単位体積当たり売価（p[円/m^3]）がわかっているものとし，ディベロッパーの利益を最大化するビルの高さ H^{**} を求めてみよう．

まず，収入を B とすれば，式 (5.11) より

$$B = pV = \frac{pcS}{\rho}\left(1 - e^{-\frac{\rho}{c}H}\right) \tag{5.17}$$

である（売れ残りはないものとする）．コスト C は式 (5.10) のとおりである．したがって，ディベロッパーの利益を P とすると

$$\begin{aligned}P &= B - C \\ &= S\left\{\frac{pc}{\rho}\left(1 - e^{-\frac{\rho}{c}H}\right) - a - bH\right\}\end{aligned} \tag{5.18}$$

と算出される．今度は

【利益最大化問題】　　Maximize　P

を考えよう．P の (p, H) による概形を図 5.3 に示す．これを見ると p がある値以下になると，如何なる高さで建築しようとも損をするのがわかる（すなわち P が負になっている）．逆に p がある閾値以上の場合は利益 P を最大にする $H = H^{**}$ が一意的に存在する．このことを明示するのが図 5.4 である．利益 P の等高線図中に，特に $P = 0$ の等高線を太く示してある．$P > 0$ を満たす部分で，オフィス売却単価 p が与えられると最適高さ H^{**} が決まる仕組みになっているのである．

そこで目的関数の1階の条件を求めると次のとおりである：

$$\frac{dP}{dH} = S\left(pe^{-\frac{\rho}{c}H} - b\right) = 0. \tag{5.19}$$

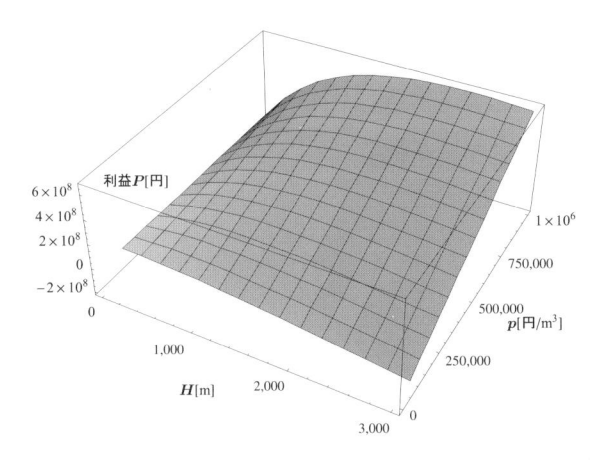

図 5.3 (p, H) による利益 P の概形
 $(c/\rho = 1,000\mathrm{m},\ a = 200\ \text{万円}/\mathrm{m}^2,\ b = 10\ \text{万円}/\mathrm{m}^3)$

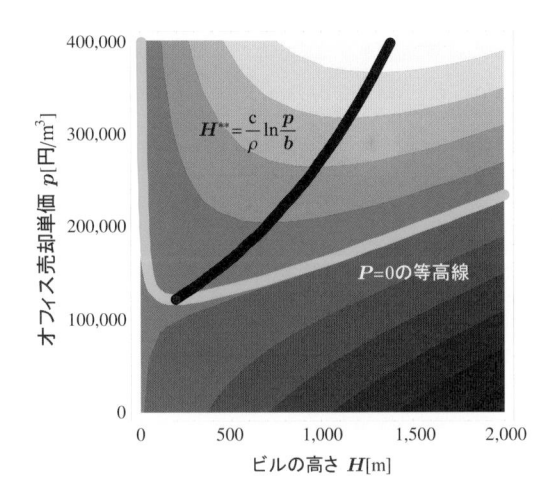

図 5.4 (p, H) による利益 P の等高線と $P = 0$ の軌跡ならびに最適解 H^{**} の様子
 $(c/\rho = 1,000\mathrm{m},\ a = 200\ \text{万円}/\mathrm{m}^2,\ b = 10\ \text{万円}/\mathrm{m}^3)$

これを解くと次の結果となる：

$$H^{**} = \frac{c}{\rho} \ln \frac{p}{b}. \tag{5.20}$$

つまり，最適高さ H^{**} は単位体積当たり売価 p の凹な単調増加関数であり，$p = b$ のとき $H^{**} = 0$ である．

ちなみに，前出にならって $c/\rho = 1{,}000$m, $b = 10$ 万円$/$m^3 とすると

$$H^{**} = 1000 \ln \frac{p}{100000} \tag{5.21}$$

であるが，その概形は図 5.5 のとおりである．

また，式 (5.20) を式 (5.18) に代入・整理すると，最適な高さを実現したときの利益を得る：

$$P|_{H=H^{**}} = S \left\{ \frac{c}{\rho} \left(p - b \ln \frac{p}{b} \right) - a - \frac{c}{\rho} b \right\}. \tag{5.22}$$

ここでも $c/\rho = 1{,}000$m, $b = 10$ 万円$/$m^3 とした上で $P|_{H=H^{**}}/S$ の概形を示すと図 5.6 のとおりである．

$P|_{H=H^{**}}$ が p の凸な増加関数であることがわかる．バブルの時期に多くの企業が，少しでも多くの土地を入手し（つまり地上げを行い）大規模な建築物を量産しようとした背景にはこのような理屈があったのかもしれない．p が高水準に保たれれば，高層ビルのオンパレードとなるのである．

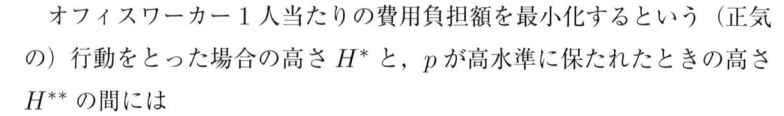

オフィスワーカー 1 人当たりの費用負担額を最小化するという（正気の）行動をとった場合の高さ H^* と，p が高水準に保たれたときの高さ H^{**} の間には

$$H^* \ll H^{**} \tag{5.23}$$

なる関係があるようだ．H^* は自腹を切った最適解，H^{**} は人の懐を当てにした最適解とでもいえるだろう．建設業界がバブルの夢をもう一度とばかりに超々高層ビルの構想にしがみつくのも心情的には理解できる．

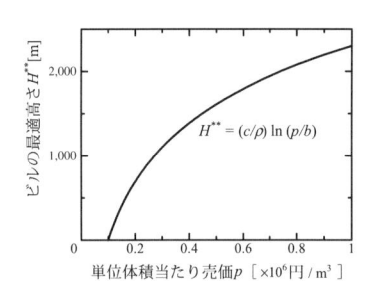

図 5.5 単位体積当たり売価 p と最適高さ H^{**} との関係
($c/\rho = 1{,}000$m, $b = 10$ 万円$/$m^3)

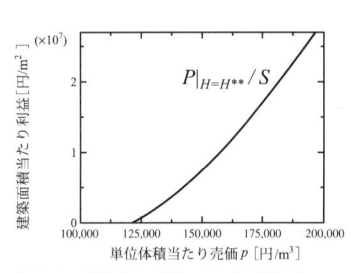

図 5.6 最適高さ H^{**} の下での利益 P の概形
($c/\rho = 1{,}000$m, $a = 200$ 万円$/$m^2, $b = 10$ 万円$/$m^3)

なお実際の超高層ビルでは多くの場合，1階を発端として低層階まで・中層階まで・高層階まで，といった具合に複数種類のエレベータを組み合わせて有効体積を確保する設計が採られている．これはコンベンショナル・ゾーニング方式という設計法である．奥平モデルをこの設計法に適用して分析を行うことも可能である [503]．また，通勤時の1階から上に向かうトリップのみならず，ビル内のトリップをも考慮したモデルや，階段・エスカレータも考慮したモデルも存在する [505]，[506]．

演習問題
【問題1】 交通路の幅が断面交通量に見合うように設計された例を都市・建築空間のなかに見出しなさい．
【問題2】 鉄道のダイヤグラムを本章のモデルを通じて適切に設計することは可能であるか．

Chapter 6
Differential Equation Model for Population Growth

6章 人口成長の微分方程式モデル

解題

　人口予測は都市や社会の将来に関する青写真を描く上で是非とも必要なものです．人間が1人生まれ育ちその生を全うするためには，適切な量の食料やエネルギーが不可欠だからです．一国の食料の供給計画が，将来の人口推移に十分に対応していなければ，国民は飢餓に苦しむことになりかねません．生活の基盤を支えるエネルギー供給計画は，将来人口と将来の技術水準に応じた需要に応えるものでなければならないのです．

　都市・地域におけるいろいろな施設計画の場合も同様です．多くの場合，都市施設にはおのずと容量というものがあります．ある施設が良好なサービスを住民に与えるためには，その施設に割り当てられる住民の数が一定値以下でなければならない．"ある地域内でどれだけの量の都市施設をどのように配置すればよいか？"という実践的な問題を解くためには，施設計画の達成年度における地域人口を設定する必要がある訳です．さらに，福祉や年金の財政計画を立てる上でも，人口予測が不可欠です．税を負担できる人間やサービスを要求する人間の数が将来どのように推移するのかといった見積もりなくして，これらを立案することはできません．都市・地域の人口は，ハードなインフラストラクチャーやソフトなインフラストラクチャーといった内容で見え隠れするさまざまな構成要素の造形を考える上での最重要な制約条件の一つといって良いでしょう．

　さて人口予測のやり方には大きく分けて，(1) 地域全体の人口をざっくりと見積もる方法と，(2) 地域内の男女別・年齢階層別人口（俗に言う人口ピラミッド）を見積もる方法，の2種類があります．本章では，前者を微分方程式という道具によって追求する方法を紹介します．後者については次章でコーホート要因法という道具を紹介します．

基本的なアイデアを述べましょう．小さな時間に増加する人口は，それを生み出す力（有り体にいえば親の数のこと）や都市空間の余裕（場所と食料がなければ生まれた子は育ちません）に依存して決まる筈です．このアイデアから出発して人口増加のシナリオを描き，それを微分方程式という言語に翻訳します．さまざまなシナリオに応じた微分方程式の解を求め，その定性的・定量的な分析を行うことによって，成長現象の持つ宿命のようなものが見えてきます．さらに，実在する都市の人口推移データに微分方程式の解を当てはめることによって，将来人口の予測を試みることもできます．ただし，それを具体的に行うためには，微分方程式の解曲線に含まれる未知のパラメタを過去の実人口データに応じて推定する手続きが不可欠です．そこで，この計算技術も詳細に述べることにしました．ここで述べる方法は，Microsoft EXCEL などの表計算ソフトや Mathematica，Maple などの数式処理ソフトで，手軽に実行することが可能です．

　成長に関する微分方程式の類型を知り，適用のための計算手続きを把握すること．このことの効用は他にもあります．それは，世に溢れるさまざまな成長の（希には衰退の）予測が如何に脆弱なる論理でなされているかを知ることができる，ということだと思います．予測の数値は恐ろしいものです．公的機関・学術機関が求めたさまざまな予測値がマスコミを通じて公表されると，それが何を前提として如何なる手法で算出されたものであるか，という致命的に重要な情報は速やかに捨象され，数値だけが1人歩きを始める場合が多いように思われるのです．未来予測はすべからく幻想であるべし，などとシニカルにいうつもりはありませんが，「敵を知り己を知れば百戦危うからず」と付言したいと思います．少々大袈裟かもしれませんが．

　最後に，以下で取り上げた微分方程式は，人口だけでなく，商品の売り上げ・学習効果・あるテーマの論文数・病気の感染者や発症者の数といった，実にさまざまなものの成長現象に適用できることも付言しておきましょう．読者諸兄／諸姉にあっては，是非ともこれを活用されんことを．

第1節　トレンド法による将来人口の予測

ある地域で過去の n 時点 $t = 1, 2, \ldots, n$ における人口が

$$p_1, p_2, \ldots, p_n \tag{6.1}$$

と与えられているものとする．これに連続な関数

$$y = y(t) \tag{6.2}$$

を当てはめ，$y(t)$ によって将来人口の予測を行うことを考えよう．このように過去の人口データにある種の連続曲線を当てはめる方法は（過去の傾向を将来に反映させるという意味で）"トレンド法"と呼ばれる．当てはめるべき連続曲線の種類は無数に考えられるが，当てはめることに意味のある曲線とはどのようなものだろうか．たとえば，$n-1$ 次の多項式

$$y(t) = a_0 + a_1 t + a_2 t^2 + \cdots + a_{n-1} t^{n-1}$$

を考えよう．この曲線がすべての点 $(t, p_t)(t = 1, 2, \ldots, n)$ を通るようにパラメタを決めることが可能であることは言うまでもない（図 6.1）．もしも曲線 $y(t)$ が現実データの点を忠実になぞることが最終目的であるならば，このような（愚かしい）ものでもかまわないかもしれない．

しかし，われわれの目的は過去の趨勢を反映させながら将来人口の（それらしい）値を予測する，ということである．したがって，そこではデータへの曲線のフィットの良さもさることながら，人口の増減のあり方に関する生物学的な宿命や（その地域ならではの）社会的・経済的条件というものをこそ考慮しなければならない．たとえば，次のような典型的な六つの都市・地域の類型を考えて欲しい．

1. 毎年，一定のスピードで住宅地開発が行われる都市

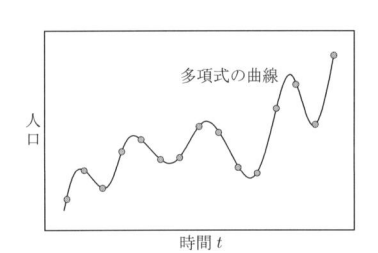

図 6.1　人口データへの多項式の当てはめ

2. 住宅地開発の累積量が次期の住宅地開発を誘発する，といったブームが激烈に続く（いわばバブル経済に陥った）都市
3. 住宅地開発の累積量が次期の住宅地開発を誘発するものの，その効果は逓減していく都市
4. 未開発の土地面積が大きいほど，次期の住宅地開発に勢いがある都市
5. 未開発の土地面積が大きいほど次期の住宅地開発に勢いがあるものの，その効果は逓減していく都市
6. 住宅地開発の累積量が次期の住宅地開発を誘発するものの，未開発の土地面積が減るのに連れて，そのスピードが低減する都市

これらの都市の諸類型に対して無批判的に共通の曲線を当てはめることは危険である．また，例えば上記の1.や2.のような都市であっても（長い年月のうちには）やがては増加傾向が頭打ちになり，成熟期に入るという要素も考えねばならない．何故ならば，都市・地域の面積は一定だからである（いくら開発したくても未開発の土地がなければもはや不可能である）．すなわち，(i) どれほどの将来を占うか，あるいは (ii) 対象地域の発展段階がどのレベルにあるか，といった状況に応じてフィットさせるべき曲線の種類もおのずと異なったものとする必要がある．

以下では，人口成長のあり方を微分方程式によって記述し，いくつかの典型的な連続曲線を導く．また，導かれた曲線のパラメタを現実のデータ (6.1) を用いて決定する方法を詳しく述べる．

第2節　線形成長

人口の増加率を一定値 a とする：

$$\frac{\mathrm{d}y(t)}{\mathrm{d}t} = a. \tag{6.3}$$

この増加傾向は前節の 1. のタイプ "毎年，一定のスピードで住宅地開発が行われる都市" に当てはめるべきものである．これを解けば

$$y(t) = at + c \tag{6.4}$$

と人口成長が直線で与えられる（図 6.2）．これを用いて将来予測を行うには，予測年次に至るまでに住宅地開発の傾向が変わらないことが外生的に予想されている必要がある．実際には，社会・経済的な理由（投資効率）や都市面積の制約があるので，人口が延々と直線的にのびていくことはあり得ない．あくまでも短期的な成長傾向の再現と予測に用いるべきものである．

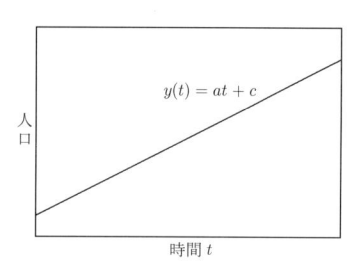

図 6.2　線形成長の概形

2.1　線形成長のパラメタ推定法

パラメータの推定には最小二乗法を用いればよい．すなわち

$$\text{Minimize} \quad \varphi(a,c) = \sum_{t=1}^{n}(at+c-p_t)^2$$

を解いて，推定値 $\hat{a}$ ならびに $\hat{c}$ を求めればよい．

第3節　指数的成長曲線

人口増加率がその時点での人口に比例するものとする：

$$\frac{\mathrm{d}y(t)}{\mathrm{d}t} = ay. \tag{6.5}$$

これはマルサス（Thomas Robert Malthus，英国の社会科学者）の法則と呼ばれるものである．比較的小さい集団（人間の集団，動物の集団，バクテリアのコロニーなど）が外部から何ら影響を受けず，食料も十分にあれば，個体数の増加率がその時点での個体数に比例する，と考えるのは当然である．この場合，変数分離形 $\mathrm{d}y/y = a\,\mathrm{d}t$ を解いて

$$\ln|y| = at + c \quad \Rightarrow \quad y(t) = c \cdot e^{at} \tag{6.6}$$

と図 6.3 のような指数型の成長曲線が与えられる（係数 a が正ならば増加曲線，負ならば減少曲線となる）．$y''(t) = ca^2 e^{at} > 0$ からわかるとおり，これは（下に）凸な曲線となり，時間経過に連れて爆発し無限大に発散する．いわばネズミ算的な人口増加を記述するものである．したがって，これを適用できそうなのは，前節の 2. のタイプ "住宅地開発の累積量が次期の住宅地開発を誘発する，といったブームが激烈に続く（いわばバブル経済に陥った）都市" のごく近い将来の人口予測を行う場合である．実際マルサスも，指数成長の下では人口爆発による破綻が速やかに訪れる，という問題提起をするためにこのモデルを援用したのである．

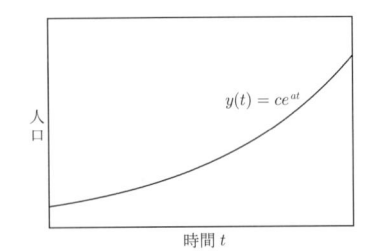

図 6.3　指数的成長曲線の概形

3.1　指数的成長曲線のパラメタ推定法

簡単でよく用いられるのは $y(t)$ の式の両辺の対数を取って，t の線形モデル

$$\ln y(t) = at + c$$

のパラメタを最小二乗法によって求める方法である．すなわち

$$\text{Minimize} \quad \varphi(a,c) = \sum_{t=1}^{n}(at+c-\ln p_t)^2$$

を解いて推定値 $\hat{a}$ ならびに $\hat{c}$ を求めればよい．

第4節　ゴンペルツ曲線

前出のマルサスの法則で取り上げた"個体数が大きいほど人口増加率が大きい"という性質は，ある種の合理性を持ってはいる．しかし一個体が人口増加に寄与する度合いは必ずしも一定ではないかもしれない．ここでは，この寄与の度合いが時間経過に応じて指数的に減衰していく（あるいは増加していく）場合を考えよう：

$$\frac{dy}{dt} = aye^{-bt}. \tag{6.7}$$

これは英国の数学者ゴンペルツ (Benjamin Gompertz) が 1820 年代に提唱した成長原理である．式 (6.7) を即物的に説明すれば，一個体が単位時間当たりに生む子供の数が時間の指数関数となっている（パラメタ b が正のとき指数的減衰，パラメタ b が負のとき指数的増加という具合）．これは生物学的特性あるいは社会状況の変化に応じた出生率の減衰（あるいは遙増）といったものを微分方程式で表現したものであり，マルサスの法則の自然な拡張となっている．

上式は

$$\frac{dy}{y} = ae^{-bt}\,dt$$

と変数分離形にできるので直ちに解けて

$$y(t) = ce^{-\frac{a}{b}e^{-bt}} \quad (c\text{ は未知の定数}) \tag{6.8}$$

を得る．便宜上 $\alpha = a/b$ と定義すれば

$$y(t) = ce^{-\alpha e^{-bt}} \tag{6.9}$$

と書き直せる（図 6.4）．生物の個体数のモデルなのだから $c > 0$ と想定しよう．このとき，まず 1 階の微係数 $y'(t) = c\alpha b e^{-bt - \alpha e^{-bt}}$ から，

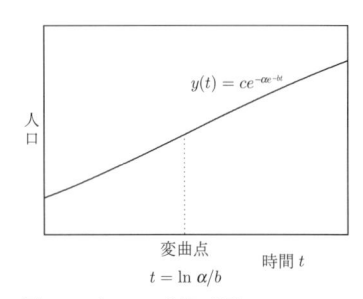

図 6.4　ゴンペルツ曲線の概形

$\alpha b > 0$ のとき y は単調に増加して c に収束することと，$\alpha b < 0$ のとき y は単調に減少して 0 に収束することがわかる．また 2 階の微係数 $y''(t) = c\alpha b^2(\alpha e^{-bt} - 1)e^{-bt - \alpha e^{-bt}}$ から，変曲点が $t = \ln \alpha / b$ で与えられることも判明する．

4.1 ゴンペルツ曲線のパラメタ推定法

$\mathrm{d}y/\mathrm{d}t$ を $\Delta y/\Delta t$ で置き換え，$\Delta t = 1$ とすると（単位時間ごとの人口を追いかけることに対応），微分方程式は次のとおりに書き直せる：

$$\Delta y = aye^{-bt}.$$

両辺を y で除し，$\Delta y > 0$ を想定して対数を取ると次のように変形できる：

$$\ln \frac{\Delta y}{y} = \ln a - bt$$
$$= \gamma - bt. \quad (\text{ただし } \gamma = \ln a \text{ と置いた})$$

ここで二つのパラメタ γ ならびに b を線形最小二乗法で求めればよい．具体的には実データ (6.1) における人口の増分を

$$\Delta p_t = p_{t+1} - p_t \quad (t = 1, 2, \ldots, n-1) \tag{6.10}$$

と定義した上で，次の問題

$$\text{Minimize} \quad \varphi(\gamma, b) = \sum_{t=1}^{n-1} \left(\gamma - bt - \ln \frac{\Delta p_t}{p_t} \right)^2$$

を解いて $\hat{\gamma}$ ならびに $\hat{b}$ を求める．γ の定義により，a の推定値は $\hat{a} = e^{\hat{\gamma}}$ で与えられる．前出の定義により $\hat{\alpha} = \hat{a}/\hat{b}$ も得られる．

続いて未知の定数 c を求めねばならない．そのためにゴンペルツ曲線の式 (6.9) を c について解く：

$$c = y(t)e^{\alpha e^{-bt}}.$$

この式のパラメタ α と b を上記の推定値 $\hat{\alpha}$ と $\hat{b}$ で置き換え，$y(t)$ に実人口データ p_t を代入すると，時刻 t に依存したパラメタ c の値を得るので，それを c_t と定義しよう：

$$c_t = p_t e^{\hat{\alpha} e^{-\hat{b}t}}.$$

この c_t の平均値を c の推定値とするのである：

$$\hat{c} = \frac{c_1 + c_2 + \cdots + c_n}{n}.$$

こうしてゴンペルツ曲線のすべてのパラメタが同定される．

なお，成長現象とはいっても，人口の変位 Δp_t が 0 以下の値を取る時点 t があるかもしれない．そのような場合には，最小化すべき目的関数 $\varphi(\gamma, b)$ を，$\Delta p_t > 0$ を満たす t についてのみ残差平方和を取るように定義し直せばよい．ただし，この方法だと曲線のフィットの良さが心許ない．そこでこの場合は，求めたパラメタ推定値 $\hat{\alpha}$, $\hat{b}$, $\hat{c}$ を初期値として解曲線 (6.9) そのものに関する非線形最小二乗法

$$\text{Minimize} \quad \psi(\alpha, b, c) = \sum_{t=1}^{n-1} \left(p_t - c e^{-\alpha e^{-bt}} \right)^2.$$

を適用することが推奨される．こうして最終的なパラメタ推定値 $\hat{\hat{\alpha}}$, $\hat{\hat{b}}$, $\hat{\hat{c}}$ を得ることが可能である．

第5節　定数項つき指数曲線

今度は端から人口成長の上限値 S（これ以上には成長できないという値を意味し，飽和人口とも呼ばれる）を導入する．そして，人口の増加率が飽和人口と現在の人口の差 $S-y$ に比例するものと想定するのである．

$$\frac{dy}{dt} = a(S-y). \tag{6.11}$$

まずは上式を生物学のアナロジーで解釈してみる．有限面積の空間における個体群の成長を考えよう．生物の一個体が必要とする面積を一定値とすると，面積の余裕分が大きいことは，すなわち人口成長の余地が大きいことに他ならない．余裕分の面積が大きいほどに，その時点に生きる個体にとって（食料の潤沢さや過ごしやすさの面で）良好な環境が提供される筈だから．そこで，余裕分 $S-y$ に比例して増加率が決定される，という規範的なモデルを上記のように記述するのである．

都市工学的な解釈も述べる．余裕分 $S-y$ を，いまだに開発が行われていない土地面積に対応するものと考えてみよう．そして，いまだに開発されていない土地が大きいほどに開発の速度が大きい，というシナリオを想定するのである．このシナリオにもそれなりの現実味があるものと考えられる．

さて，上式は変数分離形

$$\frac{dy}{S-y} = a\,dt$$

に変換することによって直ちに解け，次の解が得られる（図 6.5）：

$$y(t) = S - ce^{-at}. \quad (c\text{ は未知の定数}) \tag{6.12}$$

c と a が正のとき，これは凹関数であって，時間経過に連れて S に収束する．$y'(t) = ace^{-at}$ からわかるとおり，（c と a が正のとき）$t=0$ に

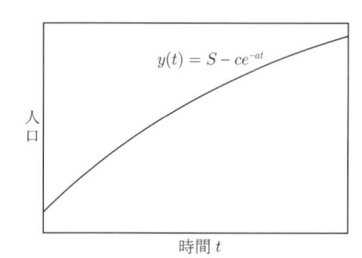

図 6.5　定数項つき指数曲線の概形

おいて変化率が最大となっている．定数項つき指数曲線はスタートダッシュが激烈な成長曲線なのである．

5.1 定数項つき指数曲線のパラメタ推定法

ここでも dy/dt を $\Delta y/\Delta t$ で置き換え，$\Delta t = 1$ とすると（単位時間ごとの人口を追いかけることに対応），微分方程式は次のとおりに書き直せる：

$$\Delta y = a(S - y) = aS - ay = \gamma - ay \quad (\gamma = aS\text{と定義した}).$$

ここで線形最小二乗問題

$$\text{Minimize} \quad \varphi(a, \gamma) = \sum_{t=1}^{n-1}(\gamma - ap_t - \Delta p_t)^2$$

を解いて，$\hat{a}$ と $\hat{\gamma}$ を求めればよい．定義により，飽和人口の推定値は $\hat{S} = \hat{\gamma}/\hat{a}$ で与えられる．続いて未知の定数 c を求めねばならない．そのために定数項つき指数曲線の式 (6.12) を c について解く：

$$c = \{S - y(t)\}e^{at}.$$

この式のパラメタ a と S を上記の推定値 $\hat{a}$ と $\hat{S}$ で置き換え，$y(t)$ に実人口データ p_t を代入すると，時刻 t に依存したパラメタ c の値を得るので，それを c_t と定義しよう：

$$c_t = (\hat{S} - p_t)e^{\hat{a}t}.$$

この c_t の平均値を c の推定値とするのである：

$$\hat{c} = \frac{c_1 + c_2 + \cdots + c_n}{n}.$$

こうして定数項つき指数曲線のすべてのパラメタが同定された．

第 6 節　定数項つきゴンペルツ曲線

マルサス法則の自然な拡張としてゴンペルツ曲線の微分方程式が与えられたのと同様に，定数項つき指数曲線の微分方程式を自然に拡張することによって次の微分方程式が定式化される：

$$\frac{dy}{dt} = a(S-y)e^{-bt}. \tag{6.13}$$

便宜上これを定数項つきゴンペルツ曲線と呼ぶことにしよう．これも変数分離形

$$\frac{dy}{S-y} = ae^{-bt}\,dt$$

に変形できるので直ちに解けて，解曲線

$$y(t) = S - ce^{\frac{a}{b}e^{-bt}} \quad (c は未知の定数) \tag{6.14}$$

を得る．ここで便宜上 $\alpha = a/b$ と定義すれば，次のとおりに書き直すことができる（図 6.6）：

$$y(t) = S - ce^{\alpha e^{-bt}}. \tag{6.15}$$

この曲線の 1 階と 2 階の微係数は次のとおりである：

$$y'(t) = c\alpha b e^{-bt + \alpha e^{-bt}},$$
$$y''(t) = -c\alpha b^2 (1 + \alpha e^{-bt})e^{-bt + \alpha e^{-bt}}.$$

もしも $a > 0$ かつ $c > 0$ が成り立っていれば，$y(t)$ は単調増加関数である．加えて，(i) $b > 0$ のときは（$\alpha > 0$ であって）$y(t)$ は $S-c$ に収束し，(ii) $b < 0$ のときは（$\alpha < 0$ であって）$y(t)$ は S に収束する．さらに，変曲点は $\alpha < 0$ の場合に存在し，$t = (1/b)\ln(-\alpha)$ で与えられる．

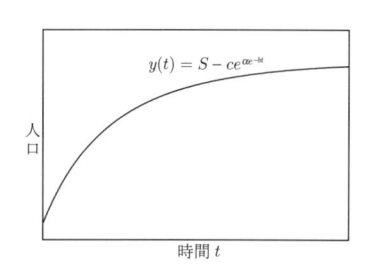

図 6.6　定数項つきゴンペルツ曲線の概形

$b > 0$ のときには，定数項つきゴンペルツ曲線は（定数項つき指数曲線と同様に）初期の変化率が最大となっている（スタートダッシュ型である）．

6.1 定数項つきゴンペルツ曲線のパラメタ推定法

まずは微分方程式に着目し，三つの未知のパラメタのうち S を所与として，a と b を（ひいては α を）推定する（S の決定法は後述する）．そのために，ここでも dy/dt を $\Delta y/\Delta t$ で置き換え，$\Delta t = 1$ として（単位時間ごとの人口を追いかけることに対応），微分方程式を次のとおりに書き直す：

$$\Delta y = a(S - y)e^{-bt}.$$

両辺を $S - y$ で除して，$\Delta y > 0$ なる想定の下で対数を取る：

$$\ln \frac{\Delta y}{S - y} = \ln a - bt = \gamma - bt. \quad (ただし \gamma = \ln a と定義した)$$

実人口データ (6.1) に基づいて，最小二乗問題

$$\text{Minimize} \quad \varphi(\gamma, b) = \sum_{t=1}^{n-1} \left(\gamma - bt - \ln \frac{\Delta p_t}{S - p_t} \right)^2$$

を解いて，推定値 $\tilde{\gamma}$ ならびに $\tilde{b}$ を得る．γ の定義により，$\tilde{a} = e^{\tilde{\gamma}}$ である．加えて，これも定義によって $\tilde{\alpha} = \tilde{a}/\tilde{b}$ を得る．

続いて未知の定数 c を求める．そのためにゴンペルツ曲線の式 (6.15) を c について解く：

$$c = \frac{S - y(t)}{e^{\alpha e^{-bt}}}.$$

この式のパラメタ α と b を上記の推定値 $\tilde{\alpha}$ と $\tilde{b}$ で置き換え，$y(t)$ に実人口データ p_t を代入すると，時刻 t に依存したパラメタ c の値を得るので，それを c_t と定義する：

$$c_t = \frac{S - p_t}{e^{\tilde{\alpha} e^{-\tilde{b}t}}}.$$

この c_t の平均値を c の推定値とするのである：

$$\tilde{c} = \frac{c_1 + c_2 + \cdots + c_n}{n}.$$

こうして任意の S に応じて $c = \tilde{c}(S)$, $\alpha = \tilde{\alpha}(S)$, $b = \tilde{b}(S)$ が決まる仕組みができた．続いては，この仕組みの下で，解曲線が実データ (6.1) に最も良くフィットするように S を決めればよい．そのためには次の非線形最小二乗問題を解けばよい：

$$\text{Minimize} \quad \psi(S) = \sum_{t=1}^{n-1} \left(S - \tilde{c}(S) e^{\tilde{\alpha}(S) e^{-\tilde{b}(S)t}} \right)^2$$

ただし S を探索するに際しては，(6.1) の p_t の最大値を下限値 $S_{\min}$ とし，十分に大きな $S_{\max}$ を上限値とする範囲 $(S_{\min}, S_{\max})$ を定義域として行えばよい．こうして得られた解 $S = \hat{S}$ に応じてパラメタ c, α, b の推定値も次のように導かれる：

$$\hat{c} = \tilde{c}(\hat{S}), \quad \hat{\alpha} = \tilde{\alpha}(\hat{S}), \quad \hat{b} = \tilde{b}(\hat{S}).$$

なお，上記で $\Delta p_t \leq 0$ となる t が存在する場合は，最小化すべき目的関数 $\varphi(\gamma, b)$ から外して上記の操作を行えばよい．そうして得られるパラメタ推定値を初期値として，解曲線 (6.15) のパラメタを非線形最小二乗法によって推定すればよい．これは本章の 4.1 節で述べたゴンペルツ曲線のパラメタ推定の事情と同様である．

第 7 節　ロジスティック成長曲線

　前出の指数的成長曲線ならびにゴンペルツ曲線では，その時点の個体数に依存して人口変化率が決まるものと想定した．一方，定数項つき指数曲線ならびに定数項つきゴンペルツ曲線では，その時点での成長の余裕分に依存して人口変化率が決まるものと想定した．当然のことながら，さらなる成長のシナリオとして述べるべきは，人口変化率がその時点での (1) 個体数と (2) 成長の余裕分の双方に依存するというものである．これを素朴に表現するのが次の微分方程式である：

$$\frac{dy}{dt} = ay(S-y). \tag{6.16}$$

定数 S がその地域に住むことのできる人口の上限値（飽和人口）であることは言うまでもない．上式は，増加率がその時点での人口 y に比例し，また飽和人口 S とその時点での人口の差 $S-y$ に比例する，としている点で，マルサス法則と定数項つき指数曲線の法則を融合したものとみなされる（y がその地域内の新生児を与える力，$S-y$ が新しい人口の受け入れ可能な容量ということになる）．この成長原理は 1830 年代にベルギーの数学者フェルハルスト (Pierre François Verhulst) によって提唱されたものである．上式は

$$\frac{dy}{dt} = a\left\{-\left(y - \frac{S}{2}\right)^2 + \frac{S^2}{4}\right\}$$

と書き直せるから，(i) 微係数が y の単峰関数であることと，(ii) 微係数が $y = S/2$ で最大値を持つこと，の 2 点が直ちにわかる．加えて 2 階の微係数を求めると

$$\frac{dy^2}{dt^2} = a\frac{dy}{dt}(S - 2y)$$

であることから，$y = S/2$ で変曲点が与えられることもわかる．飽和人口の丁度半分のところで変化率が最大でかつ凸から凹に変化するのである．

微分方程式の両辺を $y(S-y)$ で除して変形すると，次の変数分離形に帰着する：

$$\frac{\mathrm{d}y}{y(S-y)} = \frac{1}{S}\left(\frac{\mathrm{d}y}{y} + \frac{\mathrm{d}y}{S-y}\right) = a\,\mathrm{d}t.$$

便宜上 $\gamma = aS$ と置いて書き直すと

$$\frac{\mathrm{d}y}{y} + \frac{\mathrm{d}y}{S-y}\,(= aS\,\mathrm{d}t) = \gamma\,\mathrm{d}t.$$

となる．これを解くと次式に帰着する：

$$y(t) = \frac{S}{1 + ce^{-\gamma t}}. \quad (c\text{ は未知の定数}) \tag{6.17}$$

これがロジスティック成長曲線である（図 6.7）．係数 γ が正であるとき $y(t)$ は，$y(-\infty) = 0$ かつ $y(+\infty) = S$ を満たす単調増加の関数である．また変曲点を中心として点対称な S 字カーブを与える．

ロジスティック曲線は t が小さいときは漸増，やがて急激な増加，そして t がある程度大きくなると増加が頭打ち，といった成長現象を上手く再現することができる．人口だけでなく，新製品の売り上げ，新分野の論文数，学習効果といった現象にも当てはめることが可能であることが知られている．

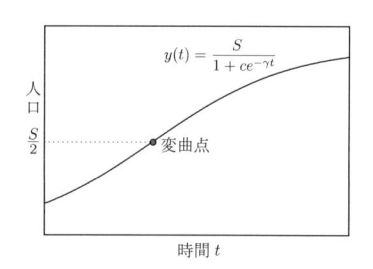

図 6.7 ロジスティック曲線の概形

7.1 ロジスティック曲線のパラメタ推定法（Hotelling の方法）

ロジスティック曲線の係数を現実のデータに従って決定するための簡便法の一つ，ホテリングの方法を紹介する（[704] をもとにした）．

ここでも微分方程式の $\mathrm{d}y/\mathrm{d}t$ を $\Delta y/\Delta t$ で置き換え，$\Delta t = 1$ とすると（単位時間ごとの人口を追いかけることに対応），微分方程式は次のとおりに書き直せる：

$$\Delta y = ay(S-y) = y(\gamma - ay). \tag{6.18}$$

両辺を y で除すと次式を得る：

$$\frac{\Delta y}{y} = \gamma - ay.$$

ここで線形最小二乗問題

$$\text{Minimize} \quad \varphi(a, \gamma) = \sum_{t=1}^{n-1} \left(\gamma - ap_t - \frac{\Delta p_t}{p_t} \right)^2$$

を解いて，$\hat{a}$ と $\hat{\gamma}$ を求めればよい．定義により，飽和人口の推定値は $\hat{S} = \hat{\gamma}/\hat{a}$ である．続いて定数 c を求めねばならない．そのためにロジスティック曲線の式 (6.17) を c について解く：

$$c = \frac{S - y(t)}{y(t)} e^{\gamma t}.$$

この式のパラメタ γ と S を上記の推定値 $\hat{\gamma}$ と $\hat{S}$ で置き換え，$y(t)$ に実人口データ p_t を代入すると，時刻 t に依存したパラメタ c 値を得るので，それを c_t と定義しよう：

$$c_t = \frac{\hat{S} - p_t}{p_t} e^{\hat{\gamma} t}.$$

この c_t の平均値を c の推定値とする：

$$\hat{c} = \frac{c_1 + c_2 + \cdots + c_n}{n}.$$

こうしてロジスティック曲線のすべてのパラメタが同定された．

第8節 現実例

世界人口

世界人口の推移に一連の成長曲線を当てはめると次の結果を得る（t は西暦で与えた）：

$$y^{世界}_{線形}(t) = 7.338 \times 10^7 (t-1949) + 2.253 \times 10^9,$$
$$y^{世界}_{指数}(t) = 2.532 \times 10^9 \, e^{0.0177(t-1949)},$$
$$y^{世界}_{ゴンペルツ}(t) = 5.100 \times 10^{10} e^{-0.014 e^{-0.00675(t-1949)}},$$
$$y^{世界}_{定数項つきゴンペルツ}(t) = 7.406 \times 10^9 - 6.204 \times 10^9 \, e^{-0.2367 e^{0.0368(t-1949)}},$$
$$y^{世界}_{ロジスティック}(t) = \frac{1.492 \times 10^{10}}{1 + 4.975 \, e^{-0.0240(t-1949)}}.$$

ただし，定数項つき指数曲線の場合，見かけ上の当てはまりは良いものの，飽和人口の推定値 $\hat{S}$ が負値を取るという意味で不適切なので除いた．それぞれの曲線の様子は図 6.8 に示すとおりである．図中の人口実績（黒丸）は下に凸の形状を呈しており，線形成長以外の曲線の当てはまりはおしなべて良好である．つまり，どの曲線も実績データを割と上手くなぞっているのである．にもかかわらず，将来に向けての曲線のバラツキはかなり大きくなっている．指数成長曲線の成長が最も著しく，頭打ち傾向が最も目立つのが定数項つきゴンペルツ曲線で，他の曲線はこれら両者の間に挟まっている．ちなみに飽和人口の数値は，$y^{世界}_{ゴンペルツ}(+\infty) = 5.100 \times 10^{10}$人，$y^{世界}_{定数項つきゴンペルツ}(+\infty) = 7.406 \times 10^9$人，$y^{世界}_{ロジスティック}(+\infty) = 1.492 \times 10^{10}$人となっている．

過去の人口実績を上手くなぞっているという理由だけで，その曲線を用いた将来見積もりが確からしいとはいえない．過去の実績と良い一致を見せる曲線のなかから，微分方程式が記述する成長シナリオが妥当と思われるものをいくつか選び，幅を持った将来推計を行うべきである．

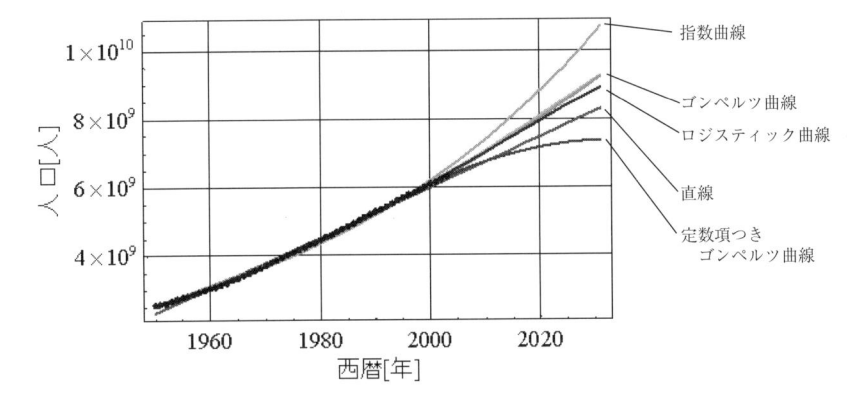

図 6.8 世界人口（1950 年〜2003 年）に成長曲線を当てはめた結果
（データの出所：『U. S. Bureau of the Census, International Data Base. Updated 7-17-2003』）

日本の人口

日本の人口推移に一連の成長曲線を当てはめると次の結果を得る：

$$y^{日本}_{線形}(t) = 373200(t - 1985) + 1.217 \times 10^8,$$

$$y^{日本}_{指数}(t) = 1.217 \times 10^8 \, e^{0.000300(t-1985)},$$

$$y^{日本}_{ゴンペルツ}(t) = 1.300 \times 10^8 \, e^{-0.0694 \, e^{-0.0711(t-1985)}},$$

$$y^{日本}_{定数項つき指数}(t) = 1.304 \times 10^8 - 9.126 \times 10^6 \, e^{-0.0644(t-1985)},$$

$$y^{日本}_{定数項つきゴンペルツ}(t) = 1.275 \times 10^8 - 1.672 \times 10^7 \, e^{-0.996 \, e^{0.0787(t-1985)}},$$

$$y^{日本}_{ロジスティック}(t) = \frac{1.301 \times 10^8}{1 + 0.0731 \, e^{-0.0707(t-1985)}}.$$

これら六つの曲線の概形は図 6.9 に示すとおりである．ここでも世界人口の場合と同様に，どの曲線のフィットネスもそれなりに良いものの，将来人口の予測値は大きくバラつくことが判明した．このことは，「微分方程式の解曲線による将来予測を行うこと」すなわち「将来の人口増加法則に関するシナリオを設定すること」に他ならない，という示唆を与えてくれる．予測とシナリオ分析は不可分である．換言しよう．単一

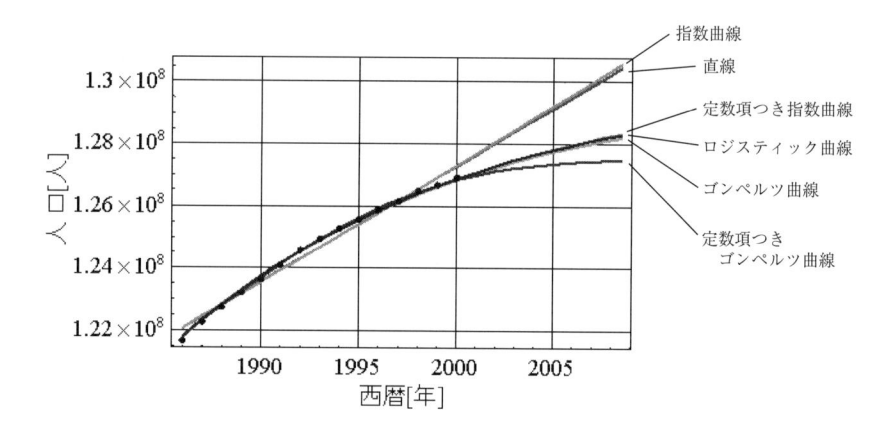

図 6.9 　日本の人口（1986 年〜2000 年）に六つの成長曲線を当てはめた結果

の予測結果がマスコミ等のメディアで 1 人歩きしている場合は，眉に唾しつつ予測値の来し方を探偵すべきである．

埼玉県川越市の人口

埼玉県川越市の人口推移に一連の成長曲線を当てはめると次の結果を得る：

$$y^{川越}_{線形}(t) = 2927(t - 1986) + 290000,$$
$$y^{川越}_{指数}(t) = 290500 e^{0.00940(t-1986)},$$
$$y^{川越}_{ゴンペルツ}(t) = 336000 \, e^{-0.161 \, e^{-0.120(t-1986)}},$$
$$y^{川越}_{定数項つき指数}(t) = 349200 - 61390 \, e^{-0.0760(t-1986)},$$
$$y^{川越}_{定数項つきゴンペルツ}(t) = 4.81351 \times 10^9$$
$$\quad - 4.81317 \times 10^9 \, e^{0.0000106 \, e^{-0.111(t-1986)}},$$
$$y^{川越}_{ロジスティック}(t) = \frac{345800}{1 + 0.202 \, e^{-0.0936(t-1986)}}.$$

ここでは飽和人口の値に焦点を当ててみる：

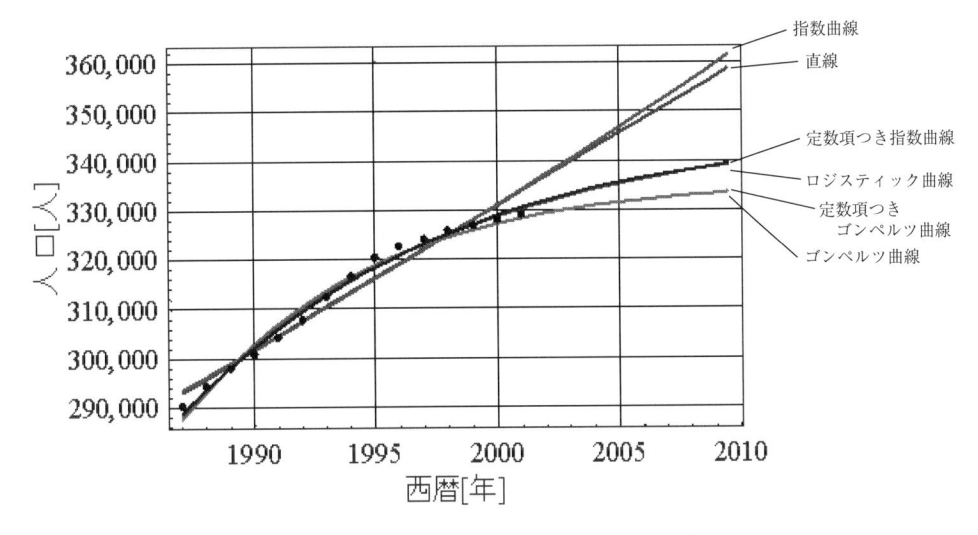

図 6.10 埼玉県川越市（1987 年～2001 年）に六つの成長曲線を当てはめた結果

$$y^{川越}_{ゴンペルツ}(+\infty) = 336{,}000 \text{ 人},$$
$$y^{川越}_{定数項つき指数}(+\infty) = 349{,}200 \text{ 人},$$
$$y^{川越}_{定数項つきゴンペルツ}(+\infty) = 337{,}000 \text{ 人},$$
$$y^{川越}_{ロジスティック}(+\infty) = 345{,}800 \text{ 人}.$$

線形成長と指数成長以外をフィットさせた場合の飽和人口は，どれも似通った値となっている（図 6.10）．微分方程式による成長の記述は所詮マクロモデルの適用に過ぎない．実際にどの成長シナリオが進行しつつあるかは，本当のところわからないのだ．その意味で，異なるシナリオがほぼ同様の結果をもたらす場合は，予測値の確からしさを担保するものとしてポジティブに評価すべきであろう．

東京都の人口

今度は東京都の 1987 年から 2001 年の人口を観察してみよう（図 6.11

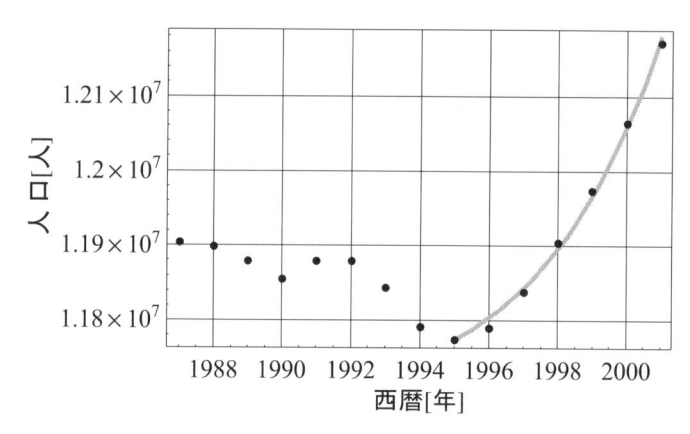

図 6.11　東京都の人口実績（1987 年〜2001 年）と 1995 年以降で当てはめたゴンペルツ曲線

の黒丸）．これを見ると前出の世界人口・日本の人口・川越市の人口，といった場合とは様相がかなり異なり，急減から急増へと転じている．これは周知のとおり，(a) バブル経済期の地上げによる都心人口の減少，(b) バブル経済崩壊がもたらした地価の急落を発端とする人口の増加，という二つの現象が連なったものである．特にバブル崩壊後の地価の急落は (1) 短期的には周辺県の中間所得層による東京都内での持ち家取得という形で，(2) 中期的にはバブルの処理過程で生じた（生じつつある）都心部の（超）高層マンション開発という形で，東京都の人口を急増させることになった．それが 1995 年に始まる人口急増のややミクロな説明原理である．すなわち，1995 年以降の東京都における人口成長は自然発生的なものではなく，異常に急進的なものとなっている可能性がある．実際，1995 年以降のデータによく適合するのは次のゴンペルツ曲線である：

$$y_{\text{ゴンペルツ}}^{\text{東京都}}(t) = 1.151 \times 10^7 \, e^{0.00361 \, e^{0.185(t-1994)}}.$$

図 6.11 の 1995 年以降の成長は激しすぎて，指数曲線でさえも追随できないのである．ここで上式を本章の式 (6.9) と見比べると，$\alpha < 0$ かつ

$b < 0$ が成り立っている．すなわち，ゴンペルツ微分方程式 (6.7) において $b < 0$ なのである．これは，人口の増加率が指数関数的にエスカレートしたことを意味している．いわば俗に言う「バスに乗り遅れるな！」といった行動様式が垣間見える．微分方程式は，過去に起こった成長現象の意味を数理的に位置づけるためにも役立つ，という好例といえよう．

演習問題

【問題 1】 ロジスティック法則とゴンペルツの考え方を併わせ用いると，次の微分方程式を定式化できる：

$$\frac{dy}{dt} = ay(S-y)e^{-bt}.$$

この微分方程式を解き，a と S が正であるという仮定の下で解の性質を吟味しなさい．

【問題 2】 前出の一連の微分方程式は人口の単調なる変化を記述するものであった．しかし，近未来の日本の人口予測に見られるように（7 章のコーホート要因法を参照），人口が増加から減少に転ずる，という事態も考えられる．これに対応するための一例として，ゴンペルツ曲線を一般化した次の微分方程式を定式化しよう：

$$\frac{dy}{dt} = ay(e^{-bt} - k).$$

この微分方程式を解き，a, b, k がすべて正であるという仮定の下で解の性質を吟味しなさい．

Chapter 7
Cohort Factor Model for Population Movement

7章 人口動態の
　　　コーホート要因法モデル

解題

　6章の解題で，都市・地域や一国の人口推移がインフラストラクチャー造形のための重要な制約条件である旨を述べ，そのためのモデルに2通りあると記しました：(1) 全体の人口をざっくりと見積もる方法と，(2) 地域内の男女別・年齢階層別人口（俗に言う人口ピラミッド）を見積もる方法，の2種類です．本章では，後者を追求するための道具であるコーホート要因法を紹介します．

　コーホート要因法は，男女別・年齢階層別に分けた地域の人口ピラミッド実績データに基づいて，将来の人口ピラミッドを予測する方法です．古代ローマでは，歩兵隊を10に分けた1隊（300人から600人で構成される）をコーホート (cohort) と呼んだそうです．現代でも，軍隊で同一の作戦に従事する一団はコーホートと呼ばれています．人口ピラミッドの一つのヒストグラムに対応する人々は，ほぼ同じ時期に誕生し同じように歳を取るので，それをアナロジーによってコーホートと呼んでいることが理解できるでしょう．

　さて，例えば年齢を5歳ごとに区切って設定したコーホートは，5年経過すると一つ上の年齢層のコーホートにシフトアップします．ただし，その5年間で不幸にして死んでしまう人を除かねばなりませんし，他地域との人口の出入りに応じた調整もせねばなりません．加えて最低年齢層（新生児に対応）が生まれてくる仕組みを，出産可能な女性の年齢分布に応じて用意する必要もあります．このような（加齢・社会移動・出生という）三つの要件に着目することによって，逐次的に将来の人口ピラミッドを推定していくのがコーホート要因法です．直観的に把握しやすい単純計算であること，それ故に汎用性がありそうなことが理解できると思います．

　将来の人口ピラミッドが予測できれば，さまざまな局面に役立てるこ

とができます．身近な例をいくつか挙げてみましょう：

- 地域の総人口予測（予測される人口ピラミッドの全ヒストグラムを足し合わせばよい）
- 保育園・幼稚園の整備計画（低年齢コーホートの将来推移に着目）
- 老人福祉施設の整備計画（高年齢コーホートの将来推移に着目）
- 年金財政の計画（人口ピラミッドに基づく税収の積算と高年齢コーホートの推移に着目）

以上は国や地方のレベルでの話ですが，もっとミクロスコーピックな利用法もあります．たとえば，マンション新築時の入居者の人口ピラミッドが将来にかけて変化して行く様子を予測できれば，空間設計の基礎資料としたり立て替え計画の議論をする上で役立つに相違ありません．兎に角，男女別・年齢階層別のコーホートに基づいて決まるさまざまな指標を計算したり，コーホートごとのサービス水準を確保する計画を立てる上で，依って立つべき定番の道具なのです．

　逆に世界の人口動態に立脚して文明論を展開した例もあります[705]．この書物で呈示されているのは，出生率の低下と識字率の増加がその国の政治的方向を規定するという論理です．人口動態は実にさまざまなモデルの基礎となるのです．

第1節　コーホート要因法の定式化

1.1 定式化

コーホート要因法とは男女別・年齢階層別人口の変化を，自然増減要因と社会増減要因とで説明するものである（コーホート移動生残法とも呼ぶ）．ある地域の t 期における男女別・5歳階級別人口を次のように定義する：

$$x_k^{男}(t) = [5(k-1) \text{歳以上} 5k \text{歳未満の男子人口}], \quad (7.1)$$

$$x_k^{女}(t) = [5(k-1) \text{歳以上} 5k \text{歳未満の女子人口}]. \quad (7.2)$$

ただし $k=1,2,\ldots,n$ である．つまり 0〜4 歳，5〜9 歳，10〜14 歳という具合に男女別人口を考えるのである（例えば $n=20$ とすれば "95 歳〜" までのコーホートを扱うことになる）．このような年齢階層のかたまり一つ一つをコーホート (cohort) と呼んでいる．

まず，自然増減の扱いを述べる．5 年後の $t+1$ 期を考えよう．$t+1$ 期では k 番目のコーホートは $k+1$ 番目に移行する（例えば 20〜24 歳の人たちは 25〜29 歳になる）．このうち不幸にして死んでしまう人たちもいるだろう．そこで

$$p_k^{男} = [k \text{番目の男子コーホートの 5 年間後の生存率}], \quad (7.3)$$

$$p_k^{女} = [k \text{番目の女子コーホートの 5 年間後の生存率}] \quad (7.4)$$

としておく ($k=1,2,\ldots,n$)．自然増減による $t+1$ 期の男子人口を $z_k^{男}(t+1)$，女子人口を $z_k^{女}(t+1)$ と表すことにしよう．これらを自然人口と呼ぶことにする（地域外との人の出入りを考慮していない，という意味で封鎖人口とも呼ばれる）．自然人口は生存率を用いて次のように書ける：

$$z_k^{男}(t+1) = p_{k-1}^{男} x_{k-1}^{男}(t) \quad (k=2,3,\ldots,n), \qquad (7.5)$$

$$z_k^{女}(t+1) = p_{k-1}^{女} x_{k-1}^{女}(t) \quad (k=2,3,\ldots,n). \qquad (7.6)$$

ただし新生児の自然人口は別途考える必要がある．ここでは女性のコーホートの人口にそのコーホート固有の比例定数を乗ずる，という方法で計算を行おう．いま

$$b_k^{男} = [5(k-1)歳以上 5k 歳未満の女性 1 人が 5 年間で生む男児数の平均値], \qquad (7.7)$$

$$b_k^{女} = [5(k-1)歳以上 5k 歳未満の女性 1 人が 5 年間で生む女児数の平均値] \qquad (7.8)$$

とする．このとき $t+1$ 期の 1 番目のコーホートの人口（5 年間の新生児数）は次のとおりである：

$$z_1^{男}(t+1) = b_1^{男} x_1^{女}(t) + b_2^{男} x_2^{女}(t) + \cdots + b_n^{男} x_n^{女}(t), \qquad (7.9)$$

$$z_1^{女}(t+1) = b_1^{女} x_1^{女}(t) + b_2^{女} x_2^{女}(t) + \cdots + b_n^{女} x_n^{女}(t). \qquad (7.10)$$

以上がこのモデルによる自然人口の算出法である．

次に社会要因を含む人口は，上記の $t+1$ 期の自然人口に定数（自然人口がその地域に残留する率）を乗じて算出することにしよう．いま

$$s_k^{男} = (男子の k 番目のコーホートの地域残留率), \qquad (7.11)$$

$$s_k^{女} = (女子の k 番目のコーホートの地域残留率) \qquad (7.12)$$

とする $(k=1,2,\ldots,n)$．このとき，われわれの知りたい $t+1$ 期の人口は

$$x_k^{男}(t+1) = s_{k-1}^{男} z_k^{男}(t+1) \quad (k=1,2,\ldots,n), \qquad (7.13)$$

$$x_k^{女}(t+1) = s_{k-1}^{女} z_k^{女}(t+1) \quad (k=1,2,\ldots,n). \qquad (7.14)$$

で与えられる．

表 7.1　川越市の 5 歳階級別人口（単位は人）

年齢階級	1995 男性	1995 女性	2000 男性	2000 女性
0〜4	7,961	7,503	7,851	7,443
5〜9	8,142	7,464	8,049	7,444
10〜14	9,938	8,805	8,548	7,654
15〜19	13,082	11,689	10,998	9,709
20〜24	17,830	15,553	14,368	12,381
25〜29	13,777	12,361	15,466	14,062
30〜34	10,927	10,119	12,961	11,858
35〜39	9,805	9,046	10,889	10,103
40〜44	11,357	11,255	9,698	9,111
45〜49	14,549	14,915	11,244	11,358
50〜54	13,539	13,424	14,288	14,924
55〜59	11,349	10,234	13,221	13,263
60〜64	8,417	7,769	10,954	10,180
65〜69	5,694	5,938	7,931	7,661
70〜74	3,470	4,675	5,115	5,699
75〜79	2,252	3,703	2,938	4,354
80〜84	1,436	2,696	1,615	3,146
85〜89	543	1,304	844	1,902
90〜94	170	402	233	738
95〜	17	86	39	143

1.2　必要な係数の設定例

例として，川越市における 1995 年，2000 年の 5 歳階級別人口データを表 7.1 に示す．このとき必要な係数の設定例を述べよう．

[生存率]

生存率は表 7.2 のとおりである．この表の値を前述の p_k^1 ならびに p_k^2 とすればよかろう．

[出生率]

出産可能な年齢を 15 歳から 49 歳とすると，1995 年における出産可能

表 7.2　5 歳階級別 5 年間生存率

年齢階級	男性	女性	年齢階級	男性	女性
0〜4	0.99517	0.99594	50〜54	0.97618	0.98847
5〜9	0.99928	0.99949	55〜59	0.96362	0.98432
10〜14	0.99930	0.99960	60〜64	0.94461	0.97681
15〜19	0.99777	0.99909	65〜69	0.91165	0.96273
20〜24	0.99663	0.99861	70〜74	0.86325	0.93902
25〜29	0.99668	0.99836	75〜79	0.78398	0.88953
30〜34	0.99569	0.99782	80〜84	0.65477	0.79776
35〜39	0.99420	0.99688	85〜89	0.49196	0.65151
40〜44	0.99120	0.99527	90〜94	0.31792	0.46308
45〜49	0.98561	0.99273	95〜	0.16754	0.29278

女性数は 84,938 人である．2000 年の 0〜4 歳人口は表 7.1 より男 7,851 人，女 7,443 人である．これらの値を出産可能女性数（ここでは便宜上 15 歳から 49 歳までの女性の数とする）で割ると

$$7851/84938 = 0.0924, \quad 7443/84938 = 0.0876 \qquad (7.15)$$

である．そこで簡便法として，出産可能なコーホートに関してはこれらの値が共通のものとし，また将来も変化しないものとしておこう．つまり

[男児の出生に関して]

$$\begin{aligned} b_1^{男} &= b_2^{男} = b_3^{男} = 0, \\ b_4^{男} &= b_5^{男} = \cdots = b_{10}^{男} = 0.0924, \\ b_{11}^{男} &= b_{12}^{男} = \cdots = 0, \end{aligned} \qquad (7.16)$$

[女児の出生に関して]

$$\begin{aligned} b_1^{女} &= b_2^{女} = b_3^{女} = 0, \\ b_4^{女} &= b_5^{女} = \cdots = b_{10}^{女} = 0.0876, \\ b_{11}^{女} &= b_{12}^{女} = \cdots = 0 \end{aligned} \qquad (7.17)$$

と置くのである．

[社会移動]

説明のために，例として 1995 年の 5 番目のコーホート 20〜24 歳の男子人口について考えてみよう．表 7.1 よりその人口は 17,830 人である．この人たちが生き残る率は表 7.2 の生存率表より 0.99663 と読める．したがって，1995 年に 20〜24 歳の 17,830 人は 2000 年には 25〜29 歳となりその数は 17830 × 0.99663 人 = 17,769.9 人であると期待される（自然増減による人口）．ところが表 7.1 より，2000 年の実際の 25〜29 歳の男子人口は 15,466 人であった．このとき，このコーホートの地域残留率は

$$s_5^{男} = 15466/17769.9 = 0.8703 \tag{7.18}$$

と与えられる．他の年齢階級についても全く同様に地域残留率を設定する．簡単のためにはこうして算出された地域残留率が将来も変化しないものとすればよい．

第2節　コーホート要因法の適用例

　本章の1節の方法で川越市の将来人口を予測した．図7.1ならびに図7.2は1995年と2000年の人口ピラミッド実績である．これに基づく2025年の予測が図7.3である．1995年から2000年にかけての高齢化の変化にはさらに拍車が掛かり，2025年に至っては人口ピラミッドが，異常な頭でっかちになるであろうことが推察できる．私たちの社会は，このような若年人口の減少と高齢人口の増加に，近い将来真っ向から立ち向かわなければならないのである．

　続いて川越市の総人口予測を見てみよう．図7.3の人口ピラミッドを足しあげると，2025年における人口が321,603人となっている．一方，6章の8節のトレンド法による2025年の予測人口は次のとおりである：

$$y^{川越}_{線形}(2025) = 404,169 \text{人},$$
$$y^{川越}_{指数}(2025) = 419,144 \text{人},$$
$$y^{川越}_{ゴンペルツ}(2025) = 335,479 \text{人},$$
$$y^{川越}_{定数項つき指数}(2025) = 345,949 \text{人},$$
$$y^{川越}_{定数項つきゴンペルツ}(2025) = 336,281 \text{人},$$
$$y^{川越}_{ロジスティック}(2025) = 343,996 \text{人}.$$

すなわちコーホート法による総人口が最も低い見積もりを与えている．線形成長と指数成長は全く使い物にならない．コーホート法と比較的に似た値を取っているのは，ゴンペルツ曲線である．昨今の出生率の低さが，トレンドを逸脱した人口の抑制作用を持っていることが示唆される．

　なお，ここでは女性が5年間に設ける新生児の平均値を一定不変であるとして計算した．現実には，将来に向けてこれらの値が変化していく，というシナリオも考えられる．実際，昨今は女性が生む子供の数の平均

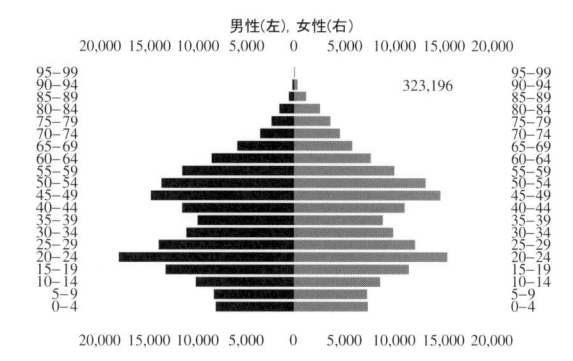

図 7.1　埼玉県川越市の人口ピラミッド（1995 年）

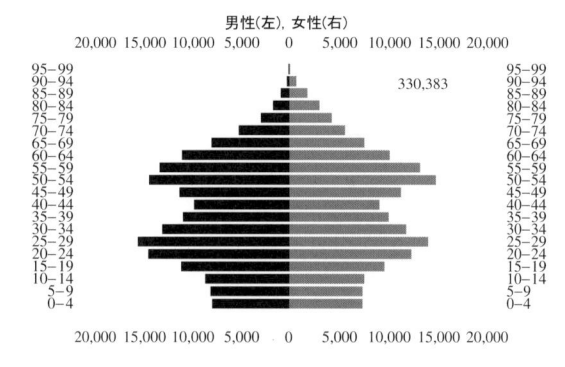

図 7.2　埼玉県川越市の人口ピラミッド（2000 年）

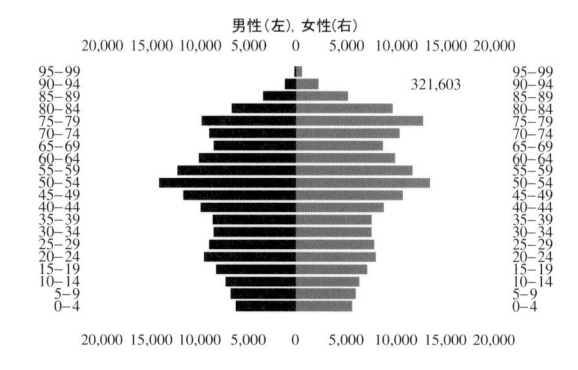

図 7.3　埼玉県川越市の人口ピラミッド予測（2025 年）

Cohort Factor Model for Population Movement ｜ コーホート要因法の適用例

値が単調に減少していることが周知である．この変化は人々の心理的変化や経済的変化を背景として生ずるものと思われ，これを確度高く予測することは容易ではない．しかし，変化のシナリオをいく通りか設けることによって，将来人口ピラミッドをシナリオ別に予測する，という方法が推奨できる．

　加えて，上では地域残留率を不変であるとも想定して計算した．実は，この率も社会・経済状況に依存して変化するものである．そして，その変化は人口ピラミッドを予測すべき地域が小さなものであるほど，安定しないことがわかっている．すなわちこの率についても，将来に向けて変化していくシナリオを複数設けて，人口ピラミッドのシナリオ別に予測する，というのが実践的な態度である．

　将来の予測を行うに当たって，ある一つのシナリオで算出された数値のみでよしとする，というのは乱暴すぎるのである．むしろ将来に向けての社会経済的変化に関して想像をたくましくして，幅を持った予測を行うべきであることを付言しておきたい．くどいようであるが，現実には，たった一つの予測値がまかりとおることがあまりにも多いのである．

演習問題

【問題1】 本章では女性が5年間で生む子供の数を15歳から49歳までで共通とし，しかも将来にわたってこの数値が変化しないものとして説明した．これを現実に近づけて，将来にわたる女性の意識変化に応じたものとするには，どのような工夫をすればよいだろうか．

【問題2】 地域残留率の将来推移を予測する方法を提案せよ．

【問題3】 女性が5年間で生む子供の数が低水準で設定されていると，コーホート要因法によって算出される総人口は0に収束してしまう．現実にこのような事態が発生するかどうかを考察することによって，コーホート要因法の欠陥を指摘しなさい．

Chapter 8
Empirical Formulas of Urban Population Distribution

8章 人口分布の経験式

解題

　この章では"都市の形"というものを大づかみに描写するための方法を取り上げます．ただし，都市の形といっても，土地の形状を議論するのでもないし，都市のビルの景観が織りなすスカイラインを取り上げるのでもありません．ここで取り上げるのは，大都市近郊の人口分布が持つ形状です．ただし，人口分布のデータをそのまま観察するのではなく，その様子を表す簡便な曲線を通じて（もっと具体的に述べると，曲線を記述するためのいくつかのパラメタを通じて）形を把握する方法に焦点を当てます．都市の造形を人口分布に着目して記述し把握したい．そのために相手の顕微鏡写真を並べてみるのではなく，サラサラと似顔絵を描くことにしよう，という訳です．似顔絵からは微細なる構造は欠落しています．しかし，それを補う操作のしやすさや応用の幅といった美徳があれば，似顔絵の存在意義もある筈です．

　かのマックス・ヴェーバーが，都市の本質は人口の空間的な集積にある旨述べたのをご存じの方も多いと思います．この言説は，都市というものの定義が誠に困難であることを背景としてなされたものですが，さすがに鋭く本質を突いたものであるといわねばなりません．実際，都市のさまざまな性質のうち，都市工学的に重要なものは人口の集積の仕方に大きく依存する場合が多いのです．

　例えば都市内の移動にかかわる時間消費やエネルギー消費．これはもちろん，交通インフラストラクチャーのあり方にも依存しますが，つまるところ何人の住民がどの程度分散して住んでいるかに依存して決まります．また，都市圏の何処にどの程度都市施設を配置するかを決定するためには，施設からサービスを受ける住民がどのように分布しているかを正面から捉えねばなりません．都市の地価や住宅の賃料には，経済的な条件はもちろんのこと，人口がどの程度密集しているかが大きく影響

を与えます．その他，人口分布の様子によって記述される指標や，人口分布に基づいて立てられる計画は，枚挙に暇がないほどです．

　こうした指標の計算や計画立案には，具体的な人口分布のデータが必要になります．たとえば，市町村別人口データや，町丁目別人口データです．さらにシステマティックな人口データとして地域メッシュ統計というものも5年ごとに作成されており，私たちは日本全土をほぼ1km四方の編み目（メッシュ）で覆ったときのメッシュごとの人口を手にすることができます．人口が密集した都市部では500m四方のメッシュ統計も整備されています．こうした生のデータは重要ですが，これを漫然と見たのでは，いわば人口の微細なる凸凹に目がいってしまい，都市の持つ性質があらわになり難い．言わば冒頭で述べた顕微鏡写真を並べたようなものです．これに対して，大まかに人口の増減の様子を表す曲線を用意しておけば，そしてその曲線の関数形が扱いやすいものであれば，さまざまな指標の算出やモデル分析を，見通し良く行うことができます．

　さらに，人口分布はその都市の歴史を物語るものでもあります．時間の流れのなかで，どこに最初の核となる人口集積が誕生したのか．そして如何なる権力機構の下で，何を背景として交通網の整備と地域計画がなされたのか．そうした複雑に連関する諸事情の結果として現在の人口分布が存在しているのです．そうであれば，人口分布という結果を出力する社会システムを歴史的に振り返ることによって，都市の発展プロセスを数理的に位置づけることができるかもしれません．本章では，その例として，東京圏における明治以降の都市発展プロセスに言及しました．そして，そのプロセス故に，異なる放射鉄道路線ごとに人口分布の形状パラメタが固有の値を持つのではないか，という仮説を述べました．

　人口分布モデルは，都市圏を横並びに比較するためにも役立ちます．また，都市のマクロなモデルを作るときに人口分布の想定として用いることもできます．さらには，規範的な人口分布モデルを理づめで（経済モデルの均衡分析や選択行動に基づく変分原理によって）導出する，という理論研究の対象でもあることをつけ加えておきましょう．

第1節　人口分布への連続関数の当てはめ

平面上の人口密度の実測データに対して，連続な人口密度関数を当てはめることを考える．この操作には二つの意義がある：

1. 連続な扱いやすい関数で人口を再現することによって，人口分布に基づいた数理モデル（施設配置モデルや交通モデルなど）の操作性を高めることができる；
2. 当てはめた関数のパラメータの変化を異なる地域間で比較したり，時系列的に追跡していくことにより，都市化の進展度合いを定量的に把握できる．

ただし，ここで導入する連続な関数は，原点を中心として回転対称なものに限っている．すなわち，東京圏のような一極集中型の人口分布に関するモデルを取り上げるのである．つまり，都心を原点とする極座標系 (r,θ) において人口密度関数 ρ を

$$\rho = \rho(r), \quad (0 \leq r \leq R) \tag{8.1}$$

という形で考え，これを実際のデータ

$$(r_1, p_1), (r_2, p_2), \ldots, (r_n, p_n) \tag{8.2}$$

に当てはめる．ただし，

$$\begin{aligned}p_k = &(\text{距離が } r_k [\text{km}] \text{ の点での}\\ &\text{人口密度} [\text{人}/\text{km}^2] \text{ の実測値}) \quad (k=1,2,\ldots,n)\end{aligned} \tag{8.3}$$

である．もしも市町村や町丁目の人口密度データを用いるならば，r_k を中心業務地区から市町村や町丁目の代表点（例えば人口重心や幾何学的

な重心）への距離とし，p_k を市町村や町丁目の人口密度とすればよい．式 (8.1) の定義域からわかるように，ρ は回転対称 (radially symmetry) と仮定している．このような人口密度の関数の代表的なものに (1)Clark の式，(2)Sherratt-Tanner の式，(3)Newling の式という三者がある．以下にこれらを紹介し，パラメータの決定法について述べよう．後述では特に，日本における地域人口メッシュデータを用いた計算の作法に焦点を当てる．

第2節　Clarkの式

C. Clark は大都市の人口密度が

$$\rho_C(r) = Ae^{-br} \quad (A \text{ ならびに } b \text{ は正の定数}) \tag{8.4}$$

なる関数で良く近似されることを発見した [805]．ただし A は原点での人口密度を表す．つまり ρ を単調に減少する指数曲線で与えた訳である．この式は Clark の経験式と呼ばれ，大都市における人口分布の様子を分析するための手段として，また都市の数理モデルに人口分布を導入する手段として用いられた例も多い．この曲線の様子を図 8.1 に示しておく．

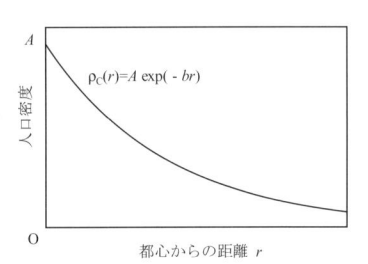

図 8.1　Clark の人口密度経験式の概形

2.1　パラメータの決定

通常用いられるのは式 (8.4) の両辺の対数を取り

$$\begin{aligned}\ln\rho_C(r) &= \ln A - br \\ &= a - br \quad (a = \ln A \text{ と置いた})\end{aligned} \tag{8.5}$$

と線形のモデルに変換する方法である．このモデルが実測データ (8.2) にフィットするように線形最小二乗法を実行する．すなわち次の問題を解いて $\hat{a}$ と $\hat{b}$ とを求めればよい：

【C1】　Minimize　$\varphi_C(a,b) = \sum_{k=1}^{n}(a - br_k - \ln p_k)^2$.

もちろん，原点での人口密度の推定値は

$$\hat{A} = e^{\hat{a}}.$$

として求めればよい．一般的な教科書（例えば [801]）は，このように記

述している．しかし，これには微妙な問題点がある．何故ならば，われわれが元来フィットさせたかったモデルは式 (8.5) の対数線形モデルではなく，式 (8.4) の指数型モデルだからである．この観点からすると，得られた $\hat{A}$ と $\hat{b}$ を初期値として非線形最適化問題

【C2】 Minimize $\psi_\mathrm{C}(A,b) = \sum_{k=1}^{n}(Ae^{-br_k} - p_k)^2$

の解 $(\tilde{A}, \tilde{b})$ を求めるべきである．一般に，【C1】による Clark の曲線と【C2】による Clark の曲線はかなり異なった概形を持つ．

第 3 節 Sherratt-Tanner の式

文献 [801] によれば，G. Sherratt ならびに J. Tanner が（独立にほとんど同時に），都心からの距離の二乗の指数で人口密度が減衰するモデルを提唱した：

$$\rho_{\text{S-T}}(r) = Ae^{-br^2} \quad (A \text{ ならびに } b \text{ は正の定数}). \tag{8.6}$$

前節の Clark の式では，微係数は

$$\rho'_{\text{C}}(r) = -bAe^{-br} = -b\rho_{\text{C}}(r)$$

であり，$\rho'_{\text{C}}(0) = -bA$ となった．しかし，Sherratt-Tanner の式では，微係数が $\rho'_{\text{S-T}}(r) = -2brAe^{-br^2}$ であるため，$\rho'_{\text{S-T}}(0) = 0$ となっている．この曲線の様子を図 8.2 に示しておく．

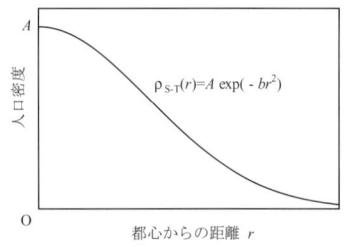

図 8.2 Sherratt-Tanner の人口密度経験式の概形

3.1 パラメータの決定

式 (8.6) の対数を取ると

$$\ln \rho_{\text{S-T}}(r) = \ln A - br^2 = a - br^2 \quad (a = \ln A \text{ と置いた}) \tag{8.7}$$

となる．これが実測データ (8.2) にフィットするように，次の最小二乗法を実行すればよい：

【S-T1】　Minimize $\varphi_{\text{S-T}}(a, b) = \sum_{k=1}^{n}(a - br_k^2 - \ln p_k)^2$.

もちろん，$\hat{A} = e^{\hat{a}}$ である．

この場合も Clark 曲線の場合と同様に，【S-T1】の解 $\hat{A}, \hat{b}$ を初期値として非線形最適化問題

【S-T2】 Minimize $\psi_{\text{S-T}}(A,b) = \displaystyle\sum_{k=1}^{n}(Ae^{-br_k^2} - p_k)^2$

の解 $(\tilde{A}, \tilde{b})$ を求めるべきである．

第4節　Newlingの式

　B. Newlingは，さらに汎用性の高い人口密度曲線を導入した [806]．それは人口密度が都心からの距離の2次式の指数で減衰する，というものである（つまり正規分布型）：

$$\rho_{\mathrm{N}}(r) = Ae^{br-cr^2} = Ae^{r(b-cr)} \tag{8.8}$$

（A は正の定数で，c は非負の定数）．

この式は，$c=0$ と置けば Clark の式になり，$b=0$ と置けば Sherratt-Tanner の式になる．したがって，三者のなかで Newling の式が最も一般性が高い．

　いま，式 (8.8) の微係数を求めると

$$\rho'_{\mathrm{N}}(r) = (b - 2cr)Ae^{r(b-cr)} = (b - 2cr)\rho_{\mathrm{N}}(r)$$

である．したがって，この曲線は

1. $r < [>] b/2c$ のとき単調増加 [減少]
2. $r = b/2c$ のとき最大値 $\rho(b/2c) = Ae^{\frac{b^2}{4c}}$

という形状となっている．

　上記から，Newling の曲線は

1. $b \leq 0$ かつ $0 < c$ のとき，定義域 $0 \leq r$ で単調減少
2. $0 < b$ かつ $0 < c$ のとき，$0 \leq r < b/2c$ で単調増加，$b/2c < r$ で単調減少

となる．2. の場合でわかるとおり，Newling の曲線は人口密度が都心部で低い様子（ドーナッツ現象と呼ばれる）を再現することができる．各場合の曲線の様子を図 8.3 に示しておく．

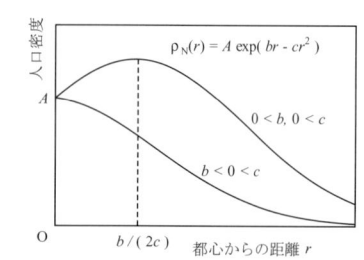

図 8.3　Newling の人口密度経験式の概形

4.1 パラメータの決定

式 (8.8) の対数を取ると次のとおり:

$$\ln \rho_{\mathrm{N}}(r) = \ln A + br - cr^2 = a + br - cr^2 \qquad (8.9)$$

$$(a = \ln A \text{ と置いた}).$$

これが実測データにフィットするように，次の線形最小二乗法を実行する:

【N1】 Minimize $\quad \varphi_{\mathrm{N}}(a,b,c) = \sum_{k=1}^{n}(a + br_k - cr_k^2 - \ln p_k)^2.$

これを解いて $\hat{a}, \hat{b}, \hat{c}$ を求めればよい．もちろん，$\hat{A} = e^{\hat{a}}$ である．

この場合も【N1】の解 $\hat{A}, \hat{b}, \hat{c}$ を初期値として非線形最適化問題

【N2】 Minimize $\quad \psi_{\mathrm{N}}(A,b,c) = \sum_{k=1}^{n}(Ae^{br_k - cr_k^2} - p_k)^2$

の解 $\tilde{A}, \tilde{b}, \tilde{c}$ を求めるべきである．

第 5 節　東京圏における地域人口メッシュデータによる計算

上記の作業を行うためには，人口密度のデータが不可欠である．ここでは 1995 年のメッシュ人口データを用いた結果を示す（英語表現では，grid system data あるいは grid square data などと表現され mesh data とは呼ばれないようである）．メッシュデータとは，地域を経緯度を規準とした矩形に分割し（これをメッシュと呼ぶ），その矩形内の人口などを調べたデータである．メッシュの 1 辺の大きさによって 500m メッシュ，1km メッシュ，2km メッシュという具合に呼ばれる．わが国では国勢調査調査区人口データに基づいて 1km メッシュ人口データが作成されており，これによって国土全域の人口分布が再現される．また都市部に関しては，より詳細な 500m メッシュ人口データが整備されている．これらのデータは地域メッシュ統計と呼ばれ，総務省統計局の管轄下にあり，（財団法人）統計情報研究開発センター（URL：http://www.sinfonica.or.jp/）経由で入手できる（2012 年 3 月現在）．

人口密度経験式の原点 O は皇居で与えられるものと想定し（←実はこの「原点を何処に設定するか？」も大切なテーマなのだが，ここではふれない），原点 O を中心とする半径 35km の圏域を取り出した．この圏域に含まれる 2km メッシュの夜間人口データを準備し，k 番目の 2km メッシュ中心点の原点 O からの距離を r_k とし，その人口密度を p_k としよう．

5.1　Clark 曲線の同定と都市発展の歴史

以上の手順によって東京 35km 圏の Clark 曲線を同定すると次のとおりである．

【C1 の解】　対数を取った線形最小二乗

$$\rho_C(r) = 20710\, e^{-0.0566\, r} \tag{8.10}$$

$$(\text{平均二乗残差は } 4.93 \times 10^6 \text{人}^2/\text{km}^4)$$

【C2 の解】　非線形最小二乗

$$\rho_C(r) = 18749\, e^{-0.0412\, r} \tag{8.11}$$

$$(\text{平均二乗残差は } 4.63 \times 10^6 \text{人}^2/\text{km}^4)$$

当然のことであるが,【C2 の解】のほうが決定係数において優れた値を取っている.

　ところで,明治期以降の東京圏の都市発展は,全国から東京への労働力の集中に刹那的に対処してきた,という歴史を持っている.その際,人口の急増を受け止めてきたのは放射鉄道路線の沿線に他ならない.これすなわち,都市スプロールの歴史なり!ただし大まかにいうと,次のような順序で人口スプロールが展開した:東海道線→中央線→東北線→(一つ飛ばして)総武線→常磐線.このように,スプロールの様子(人口分布の裾の重さ)は都心から見た放射セクターごとに異なっている.これを明示するために,前述の 35km 圏を図 8.4 のような八つのセクターに分割して,セクター 1〜セクター 6 の Clark 曲線を同定した.その結果(【C2 の解】)を示すのが表 8.1 である.ただし,セクター 7 と 8 は東京湾の影響によって,放射鉄道路線が大きく湾曲したものとなっており,同じ土俵で議論することができないため除いている.

　Clark の式の場合,パラメータ $\tilde{b}$ の値が小さいほど距離 r による人口密度の減衰が穏やかである.表 8.1 で $\tilde{b}$ が小さいのはセクター 6 (0.0202km^{-1}),セクター 5 (0.0330km^{-1}),セクター 4 (0.0449km^{-1}) であり,東海道線沿線ならびに中央線沿線に対応している.確かに東京圏のスプロールの歴史を物語っているのが興味深い.これらに較べるとセクター 1, 2, 3 の $\tilde{b}$ は明らかに大きな値を取っている.正に住宅地開発が東京西部の後塵を拝しているのである.また,セクター 3 における

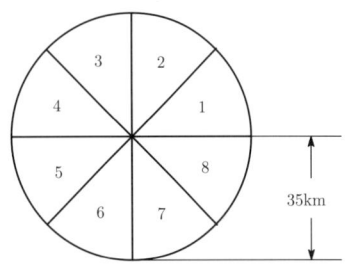

図 8.4　皇居中心の 35km 圏を 8 等分するセクター

表 8.1 主要放射鉄道沿線での Clark の式のパラメータ（1995 年の 2km メッシュデータを使って【C2】を解いた結果）

セクター名	$\tilde{A}$[人/km^2]	$\tilde{b}$[1/km]	平均二乗残差 [人^2/km^4]
1　（東北東）	21,694	0.0549	2.49×10^6
2　（北北東）	19,097	0.0582	2.18×10^6
3　（北北西）	28,174	0.0660	3.50×10^6
4　（西北西）	23,603	0.0449	3.18×10^6
5　（西南西）	16,704	0.0330	5.69×10^6
6　（南南西）	17,102	0.0202	9.79×10^6

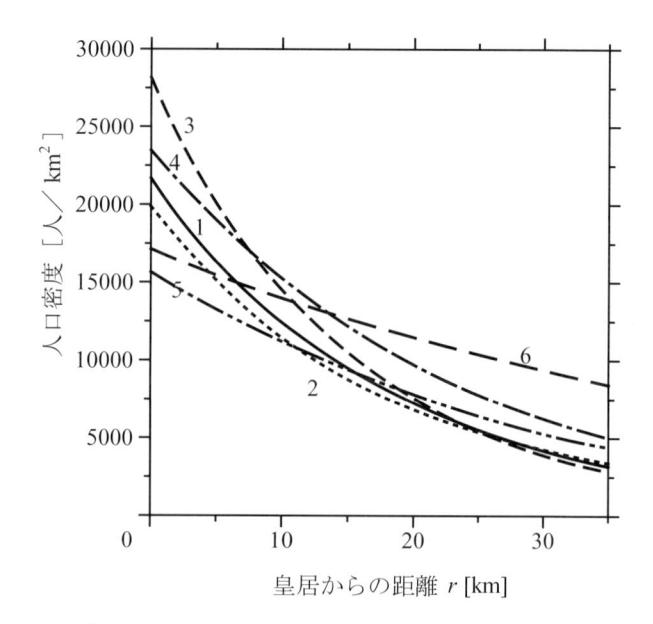

図 8.5　セクターごとに同定した Clark の人口密度式（原点は皇居）

原点の人口密度が他を圧倒して高い値を取っているのも注目に価する（28,174 人/km^2）．

以上の様子は，各セクターの曲線を描写して対比させることによって如実に理解できる（図 8.5）．

第6節　人口密度関数の極座標系での取り扱い作法

この節では，前述の人口密度の式 $\rho(r)$ に基づいたいくつかの計算作法について述べておく．

まずは $\rho(r)$ に基づく積分によって地域の人口を算出する方法を述べよう．いま極座標系の点 (r, θ) が $(r+\Delta r, \theta+\Delta\theta)$ に変化したときにできる微小領域に着目しよう．図 8.6 に示すとおり，この微小領域の面積を ΔS とすると

$$\Delta S = \frac{1}{2}\Delta\theta(r+\Delta r)^2 - \frac{1}{2}\Delta\theta\, r^2 = r\Delta r\Delta\theta + \frac{1}{2}\Delta\theta(\Delta r)^2$$
$$\approx r\Delta r\Delta\theta \quad (\Delta r \to +0) \tag{8.12}$$

となっている（扇型の面積の差引き）．賢明なる読者諸兄／諸姉は上式の最後で $\Delta r\Delta\theta$ に付された r が直交座標から極座標への変換におけるヤコビアンであることにお気づきであろう．実際，$x=r\cos\theta, y=r\sin\theta$ とすると，この変換のヤコビアン（関数行列式）は

$$J = \left|\frac{\partial(x,y)}{\partial(r,\theta)}\right| = \begin{vmatrix} \cos\theta & -r\sin\theta \\ \sin\theta & r\cos\theta \end{vmatrix} = r$$

である．ヤコビアン自体は変数変換の式から形式論理的に出現するが，実は直交座標から極座標への変換の場合，矩形の微小領域の面積 $\mathrm{d}x\,\mathrm{d}y$ と図 8.6 の扇型の差引でできる領域の面積 $r\,\mathrm{d}r\,\mathrm{d}\theta$ とを等しくするという調整の役目を演じている．

さて，点 (r,θ) における人口密度は $\rho(r)$ であるから，

$$\text{扇型の都市領域}\quad 0\leq\theta\leq\Theta,\quad 0\leq r\leq R$$

における人口総数 $P(R)$ は

$$P(R) = \int_{\theta=0}^{\Theta}\int_{r=0}^{R}\rho(r)\,r\,\mathrm{d}r\,\mathrm{d}\theta = \Theta\int_{0}^{R}r\rho(r)\,\mathrm{d}r \tag{8.13}$$

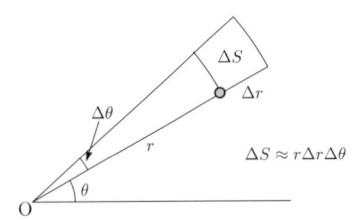

図 8.6 (r,θ) が $(r+\Delta r, \theta+\Delta\theta)$ に変化したときにできる微小領域の面積 ΔS

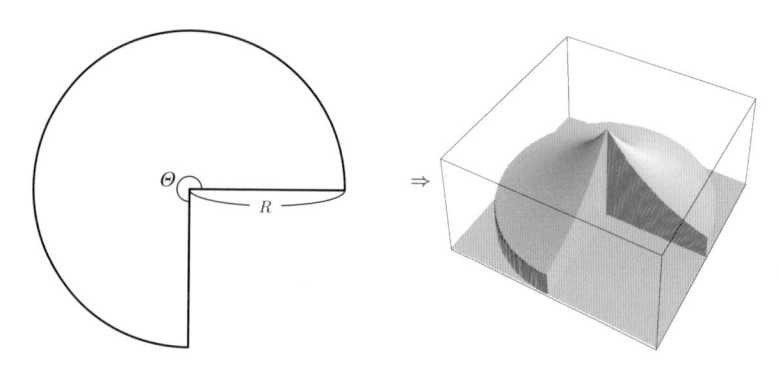

図 8.7 半径 R, 中心角 Θ の扇形都市における総人口の積分

で与えられる（図 8.7）．

次に扇型の都市領域内のすべての人が，原点を訪れる場合の平均距離を計算しよう．そのためには，まず総距離（$T(R)$ とする）を算出し，それを総人口 P で除せばよい．地点 (r, θ) から原点への距離は r である．したがって，総距離は次のとおりである：

$$T(R) = \int_{\theta=0}^{\Theta} \int_{r=0}^{R} r\rho(r) r \, dr \, d\theta = \Theta \int_{0}^{R} r^2 \rho(r) \, dr. \qquad (8.14)$$

求める（人々から原点への）平均距離を $\langle r \rangle$ とすると，これは次のとおり：

$$\langle r \rangle = T(R)/P(R) = \int_{0}^{R} r^2 \rho(r) \, dr \left/ \int_{0}^{R} r\rho(r) \, dr \right. . \qquad (8.15)$$

上述は，極座標系上で回転対称な人口密度に関するごく基本的な計算に過ぎない．しかし，ここで述べた作法はさらに複雑な計算を行う上での基礎となるものであるから，図 8.6 のとおりの幾何学的な解釈を踏まえた上での正確な理解を得ておくことが必要である．

今度は原点からの距離 r の確率密度関数 $f(r)$ を導きたい．そのために r の累積分布関数 $F(r)$ を求めよう．なお，ここでの文脈から明白か

と思うが，r を確率変数とみなしているのではない．原点からの距離 r の特性値を論ずる上で，形式上 r を確率変数と同様に扱って確率密度を導出しておくと便利なのである．累積分布の定義に従えば，

$$F(r) = [半径 R の扇型の総人口に対して半径 r の扇型の\\人口が占める割合]\quad (0 \leq r \leq R) \tag{8.16}$$

である．これは式 (8.13) の結果を用いて次のように表される：

$$F(r) = \frac{P(r)}{P(R)} = \frac{\Theta \int_0^r r\rho(r)\,\mathrm{d}r}{\Theta \int_0^R r\rho(r)\,\mathrm{d}r} = \frac{\int_0^r r\rho(r)\,\mathrm{d}r}{\int_0^R r\rho(r)\,\mathrm{d}r}. \tag{8.17}$$

したがって，求める r の確率密度は次式で与えられる．

$$f(r) = \frac{P'(r)}{P(R)} = \frac{r\rho(r)}{\int_0^R r\rho(r)\,\mathrm{d}r}. \tag{8.18}$$

r の平均値 $\langle r \rangle$ を $f(r)$ に基づいて計算すると

$$\langle r \rangle = \int_0^R r f(r)\,\mathrm{d}r \tag{8.19}$$

である．これが式 (8.15) に一致することは言うまでもない．

6.1 具体例

前述の総人口や平均距離を具体的に計算してみよう．ここでは例として Clark 型の人口密度

$$\rho(r) = A e^{-br} \quad (0 \leq r \leq R,\quad 0 \leq \theta \leq \Theta) \tag{8.20}$$

を対象とする．まず総人口は式 (8.13) より次のように計算される：

$$P(R) = \Theta A \int_0^R r e^{-br}\,\mathrm{d}r = \frac{\Theta A}{b^2}\left\{1 - (bR+1)e^{-bR}\right\}. \tag{8.21}$$

次に原点への総距離は式 (8.14) より次のように計算される：

$$T(R) = \Theta A \int_{r=0}^{R} r^2 e^{-br} \, dr = \frac{\Theta A}{b^3} \left\{ 2 - (b^2 R^2 + 2bR + 2)e^{-bR} \right\}. \tag{8.22}$$

r の確率密度関数を式 (式 8.18) によって求めると次のとおりである（概形を図 8.8 に示す）：

$$f(r) = \frac{rAe^{-br}}{\int_0^R rAe^{-br} \, dr} = \frac{b^2 r e^{-br}}{1 - (bR+1)e^{-bR}} \quad (0 \leq r \leq R). \tag{8.23}$$

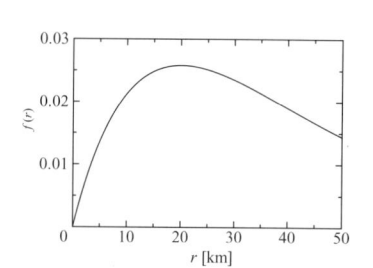

図 8.8 Clark の式に対応した距離 r の確率密度関数（$R = 50$km, $b = 0.05$km^{-1} の場合）

平均値 $\langle r \rangle$ は式 (8.21), 式 (8.22) を式 (8.15) に代入して次のとおり：

$$\langle r \rangle = \frac{1}{b} \left\{ 2 - \frac{b^2 R^2 e^{-bR}}{1 - (bR+1)e^{-bR}} \right\}. \tag{8.24}$$

二乗の平均値 $\langle r^2 \rangle$ は次のとおり：

$$\langle r^2 \rangle = \int_0^R r^2 f(r) \, dr = \frac{1}{b^2} \left\{ 6 - \frac{(b^3 R^3 + 3b^2 R^2)e^{-bR}}{1 - (bR+1)e^{-bR}} \right\}. \tag{8.25}$$

これにより, r の分散 σ^2 は次のとおり：

$$\sigma^2 = \langle r^2 \rangle - \langle r \rangle^2. \tag{8.26}$$

ここでモデルを簡略化して, 人口分布を無限平面で考えたらどのような結果となるだろう. これを見るためには, 上の結果で $R \to \infty$ とすればよい. これは以下のような結果となっている：

$$P_\infty = \frac{\Theta A}{b^2} \quad (\text{式 (8.13) より}),$$

$$T_\infty = \frac{2\Theta A}{b^3} \quad (\text{式 (8.14) より}),$$

$$\langle r \rangle_\infty = \frac{2}{b} \quad (\text{式 (8.15) より}),$$

$$(\sigma_\infty)^2 = \frac{2}{b^2} = \left(\frac{\sqrt{2}}{b} \right)^2 \quad (\text{式 (8.26) より}).$$

演習問題

【問題 1】 大都市における人口のスプロールとは，本章の Clark の式の内容に即していえば，半径 R の増大と距離による減衰係数 b の減少を意味している．総人口 P，総距離 T ならびに都心（極座標系の原点）への距離の特性値の R と b による偏微係数を吟味することによって，スプロールが都市構造に与える変化を推察しなさい．

【問題 2】 本章の最後の部分ですべての住民が都心（極座標の原点）を訪れるときの距離の特性値を導いた．現実には 1 人当たりの移動の頻度は，距離が大きくなるほどに減衰する場合が多い．いま 1 人の人間が距離 r を移動して原点を訪れる頻度を $\tau(r) = ke^{-\gamma r}$ と与えてみる．これは（無制約型の）指数型重力モデルを意味している．この場合，指数型人口分布の下での原点への距離の分布ならびに特性値を求めなさい．

Chapter 9
Theory of Distance Distribution for Road Network Patterns

9章 道路パターンと距離分布の理論

解題

　　極端な起伏や河川・湖沼などがない平原を想像してみて下さい．この平原に特定の道路や人工物が存在しなければ，平面上の移動は直線に沿うたものとなるでしょう (2 点間の最短経路は直線です)．しかし，人為からなる町が作られると，あらゆる方向に自由に移動することは不可能になってしまいます．つまり，町づくりとは，(i) 住居・職場その他の建築物と (ii) 交通網，とで平面の分捕り合戦を行わせるプロセスに他ならず，その結果として自由な移動は制限されることになるのです．交通網は，都市内移動に便宜を与える女神であると同時に，それを逸脱した移動を許さない専制君主でもあると言えましょう．

　　都市・地域交通網の代表選手である道路網に着目しましょう．そのパターンを分類し尽くすことは困難ですが，大まかに言うと "格子状" と "放射・環状" という二つの典型的なパターンが存在します．両者をいろいろな手段で折衷することによる道路パターンも彼方此方に観ることができます．ギリシャ・ローマ時代から今日に至るまで，建築家たちは真っ新な平面領域に理想都市を描く，という課題を自らに課し続けてきました ([909] の理想都市の項を参照)．そして私たちは，彼らの回答案の基軸パターンが多くの場合に格子状と放射・環状に還元される，という興味深い事実に直面します．特に放射・環状パターンはヨーロッパの中心性を持った都市の構築において散見され，格子状パターンはアメリカや古代中国における都市計画で多用されています．そうしたパターンを生み出す説明原理は，オカルト (科学的な説明は伴わない技術体系のことであり，時間と空間を限定すれば有効である場合が見られる) だったり近代的合理主義だったりします．説明原理を超えて出力たるパターンが近接性を持っている点に，人間精神のもつスペクトルが垣間見えて誠に興味深いものがあります．少し乱暴に言い切ってしまうと，人間が

何もない平面に街の青写真を描いてみなさいと言われたら，丸と四角の呪縛から逃れることができないのではないかとさえ思われるのです．

本章では，二つのパターンを現実例で紹介し，各パターンによって自然に与えられるメトリックである直交距離と放射・環状距離の数学的な取り扱いについて解説します．都市における移動の便利さに基づく距離モデルを構成する上では，もう一つ，直線距離もよくまな板に上せられます．そこでこれら三つの定式化を距離の分布という概念の導入によって比較することを試みましょう．以下では先ず実態と歴史を概観し，距離モデルを定式化します．続いて円盤都市という規範的で汎用性の高い領域形状に特化して，一様な2点間の距離の確率密度関数を導く作法を解説します．そこで用いられる道具はクロフトンの微分方程式ですが，ここではこの方程式を一般論として述べるのではなく，平面上の円盤領域と一様な起・終点との関係において詳述することにより，読者の直観的な理解に資することを目指しました．

第1節　典型的道路パターン

1.1　格子状道路パターン

格子状道路パターンの典型は，わが国では京都や札幌の中心市街地にみられる（図 9.1(a), (b) 参照）．米国のマンハッタン (Manhattan) もブロードウェイ以外は美しい格子状道路網から構成されているのをご存知であろう．実はマンハッタンのみならず，ロサンゼルス・サンフランシスコ・シカゴ等も一見して忠実な格子状道路パターンから組み立てられている．他方ヨーロッパに目を転じて，ローマ，ロンドン，パリといった歴史的都市の道路パターンを観察すると，打って変わった混沌を発見することになる．

格子状道路を前提とすると，建物の敷地形状が矩形となるので，建築計画に良い見通しを与える．したがって，理づめで住宅地計画を立てると，格子状の道路パターンが頻出することになる．かの巨匠ル・コルビュジエも，須らく格子状道路（とすべし），とのたもうているほどである．もっとも，この辺りのエートスが（混沌を好む？）パリ市民に不評だったのか，ル・コルビュジエの規範的な都市計画がパリに根づくことはなかった．実際，米国諸都市の格子状街区は開放的な雰囲気を提供する．そこにはパリの混沌や猥雑を見出すことはできない．ジョン・ベレント原作 [910]，クリント・イーストウッド監督，ケビン・スペイシー主演の佳作映画『真夜中のサバナ』（原題は "Midnight in the Garden of Good and Evil"）の舞台は米国南部の古都サバナ (Savannah) である．超高級住宅地からなるこの町も忠実な格子状道路パターンからなっている．この映画の重要な基調は，町の読みやすさや明るさと，複雑な動機の殺人事件の混沌との対比である．

格子状パターンには直交システムならではの，場所の明示性に優れるという美徳がある．京都の町では，東西にのびる道路と南北にのびる道

(a) 京都の中心部

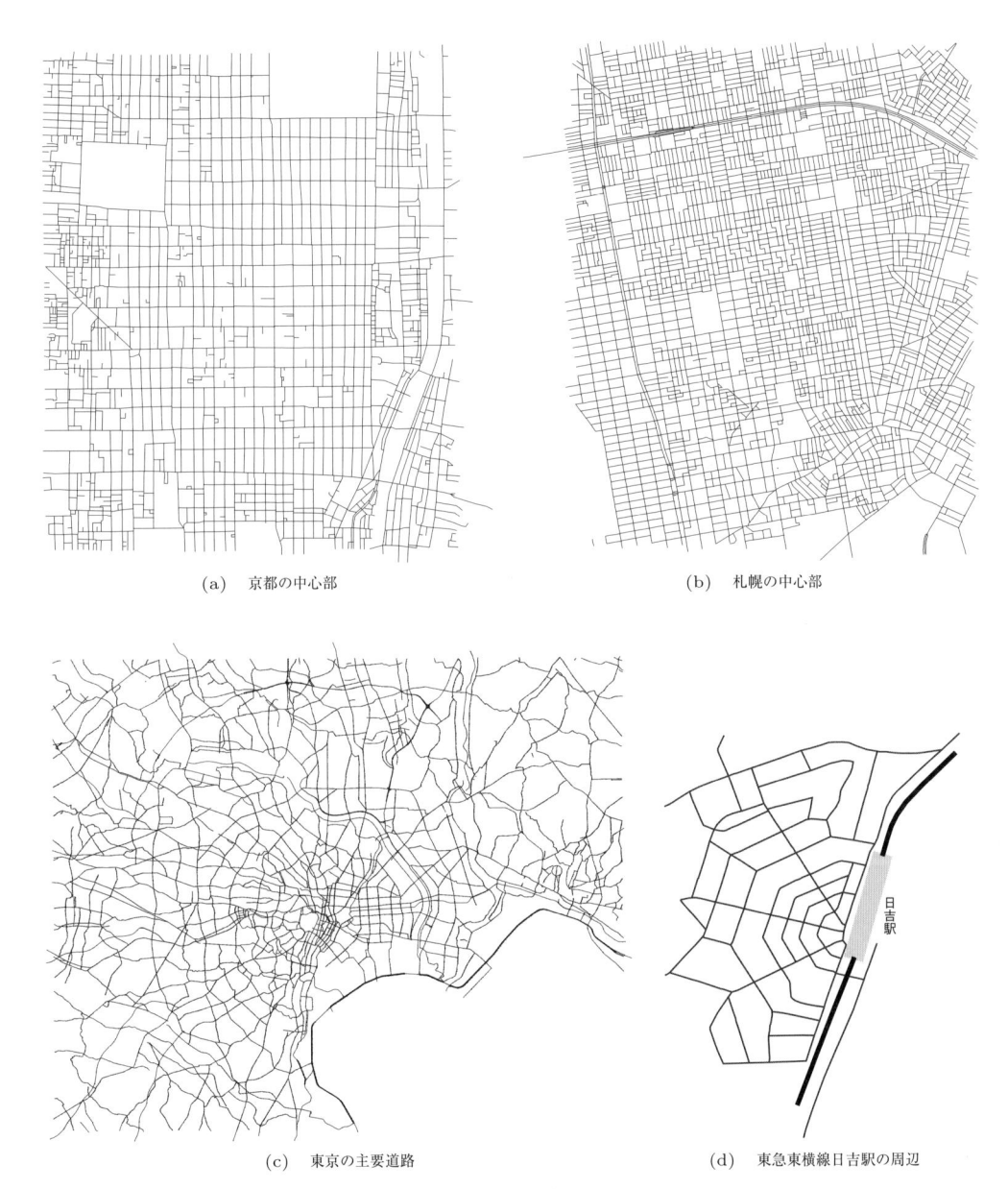

(b) 札幌の中心部

(c) 東京の主要道路

(d) 東急東横線日吉駅の周辺

図 9.1　わが国で見られる典型的な格子状道路と放射・環状道路のパターン

路にそれぞれ名前が付されており，両者の交点を起点とした「上ル」，「下ル」，「東入ル」，「西入ル」という動きの向きを記すことによって場所を表現することになっている．例えば「四条通河原町東入ル」とは，（東西にのびる）四条通りと（南北にのびる）河原町通りの交差点を起点として東に（四条通りに沿うて）入ったところ，という意味を持っている．東西道路群と南北道路群の名前と順序を頭に入れておけば，このやり方で迷わずに目的地に辿り着ける．ある種，理想的なシステムである．この名前を暗記するのに都合の良い童歌（わらべうた）もあるそうな．マンハッタンの場合も同様で，（東西にのびる）ストリート群と（南北にのびる）アベニュー群とが直交するシステムとなっている．京都とマンハッタン，（渋滞問題や治安の問題さえなければ）タクシードライバーの仕事が楽そうな町である．

格子状道路は，米国の諸都市に代表される近代都市における合理性の具現化であると同時に，古の中国における陰陽五行説や風水術の都市計画的な実現形態でもあった点が興味深い（典型が隋・唐の長安）．さらにはヴィトルヴィウスの書に代表されるようなルネッサンスの理想都市の系譜にも格子状道路が頻出する [909]．それを支えるものがオカルト（＝科学的説明は伴わない技術の体系）であろうと，近代的合理主義の精神であろうと，格子状道路パターンは人間にとって規範的・魅力的な存在であったし，現在もそうであり続けている．

1.2 放射・環状道路パターン

放射・環状道路は回転対称性に優れ，都心と郊外の相互交通を基軸とするパターンであると同時に，中心の象徴性を演出する手段でもある．世界的にみて有名な例に，ドイツ南西部のカールスルーエ (Karlsruhe) 市の放射・環状道路がある（Karl Wilhelm 辺境伯が夢に見た扇を題材にしてデザインされたとのこと）．イタリア北東部に位置する人口 5,000 人ほどの都市パルマノヴァ (Palmanova) も，典型的放射・環状パターンを呈する．この街はヴェネチア共和国が国境線の防備のために建設し

た稜郭都市であることもよく知られている（規模はずっと小さいがわが国は函館の五稜郭もその系譜に位置づけられる．ただし五稜郭の築城技術はフランス人によるもの）．さらに，小さくて半円状ではあるが，田園調布3丁目（東京都大田区）や日吉本町1丁目・日吉2丁目（横浜市港北区）などにも規則正しい放射・環状道路が見られる．さらに，東京の主要幹線道路が放射・環状パターンを呈しているのは周知であろう（図9.1(c) 参照）．アイルランドの首都ダブリンやロシアの首都モスクワの基軸道路パターンも，かなり忠実な放射・環状である．放射・環状道路には人為が大きくかかわっている．

　都市圏に放射・環状の基軸パターンを採用すると，CBD（Central Business District，中心業務地区のこと）を発端とする放射路線（道路でも鉄道でも）に沿った住宅地開発をシステマティック行う上で都合が良い．東京圏は正にその典型である．諸外国の大都市圏にも（東京ほどではないにせよ）中心部への経済活動の集中が存在する．したがって，放射路の基軸パターンは多い．大縮尺の地図では，典型的なパターンが見出せなくても，小縮尺の地図（すなわち広域圏の地図）をみると，放射状にのびる道路や鉄道の基軸パターンを容易に見出せる場合も多いのである．

　放射・環状パターンの場合，中心部から離れるに連れて，隣り合う放射道路の間隔が広がっていくことになる．したがって，地区計画レベルでこのパターンを採用すると，少し具合が悪いことも起きる．前出の日吉本町1丁目・日吉2丁目（図9.1(d) 参照）で著者がときどき経験することである．どこかの店で待ち合わせをしようとして中心点の駅から適当に当たりをつけて一つの放射道路に沿ってしばらく歩くうちに，どうも間違った放射路を歩いているらしいということに気づくことがある．このとき，既に別の放射路とは遠く離れてしまっている上に，交差点から環状路に沿って隣の交差点の様子を見ようとしても，環状路の湾曲がいたずらをして全く見えないのである．放射・環状地区は探索に不向きである．こうした駅前の商業地や住宅地の場合，中心点（この場合は駅

までの距離は端からたかが知れているので，遠い地点と中心点を短時間で結びつけるという，放射路が持つ本来の良さもあまり発揮できていない．地区レベルでは，よほどの理由（中心の象徴性の演出や軍事上の目的など）がない限り，放射・環状の道路システムはお勧めできない．都市設計者が机上で図面を見下ろしたときに面白さを感じて放射・環状の地区を作っても，その地区に都市住民のための美徳が付与されるとは限らないのである．

第2節　円盤都市内の距離の数理モデル

　都市の平面を格子状や放射・環状の道路パターンで覆うことは，都市内移動に関して何を実現したことになるのか？このことを見通しの良い方法で議論しておけば，新都市の設計や都市改造の局面で役立てることが可能であろう．その一つの方法として，都市内に移動の起点・終点が一様に分布している場合の起・終点間の距離の分布を導き観察してみたい．現実の都市においては，社会・経済活動の分布は一様ではないし，2点間の距離が離れていればいるほど，その間の相互交通量は小さくなるのが常である．この現実は現実で分析のまな板に上せることができるが，ここでは，そうした偏りがない理想的な状態で，地域の形状と交通網のパターンが純粋に生み出す都市の性質に迫りたいのである．しかも，この分布を得ていれば，それを重力モデル等と組み合わせることによって，現実に近い話に接近していくことも可能である [904]．

　ここでは，ルネッサンスの理想都市以来，都市設計のアイデアの出発点で頻繁に想定されてきた円盤領域を導入し，まずは図9.2(a)のようにあらゆる方向に移動することができる状況を与える．都市工学研究において私たちが距離に関係したモデルを作るときには，直線距離を前提とする場合も多い．それがモデルの解析学的な取り扱いを容易にするからである．また，道路上の最短経路の距離と直線距離の間には比較的に安定した関係が存在することも，経験的に知られている [903]，[906]，[911]．さらに，図9.2(b)や図9.2(c)のように道路が無限に稠密に存在する状況を考える．

2.1　直線距離モデル

　図9.2(a)に直線に沿った経路を示す．移動の起・終点を直交座標で(A, B)ならびに(C, D)と表すとき，直線距離Uは

(a) 空想的道路網
(直線距離)

(b) 格子状道路網
(直交距離)

(c) 放射・環状道路網
(放射・環状距離)

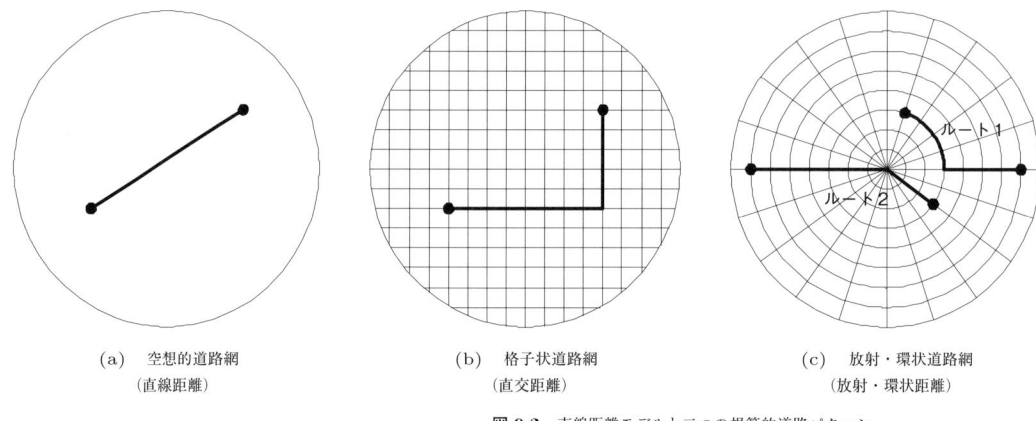

図 9.2 直線距離モデルと二つの規範的道路パターン

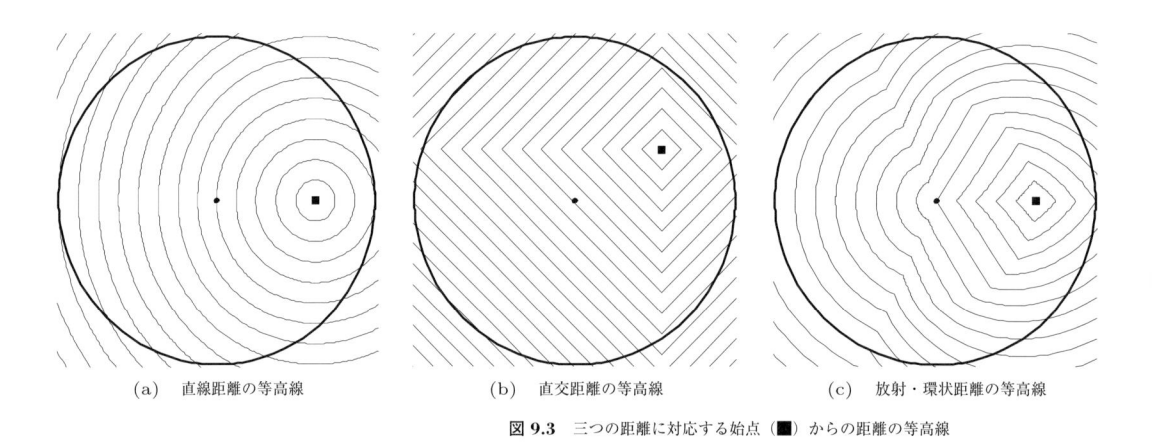

(a) 直線距離の等高線

(b) 直交距離の等高線

(c) 放射・環状距離の等高線

図 9.3 三つの距離に対応する始点（■）からの距離の等高線

$$U = \sqrt{(A-C)^2 + (B-D)^2} \tag{9.1}$$

と表される．もしも起・終点を極座標で (X, Θ) ならびに (Y, Φ) と表せば，$(A, B) = (X\cos\Theta, X\sin\Theta)$ かつ $(C, D) = (Y\cos\Phi, Y\sin\Phi)$ であり，これらを上式に代入することによって次が得られる（図 9.4）：

$$U = \sqrt{X^2 - 2XY\cos(\Theta - \Phi) + Y^2}. \tag{9.2}$$

任意の起点からの直線距離の等高線は図9.3(a)のように，起点を中心とする円周となる．道路パターンの特徴を前提としないで場所の隔たりを論ずる場合に，直線距離は距離のいわば0次近似としての重要な意味を持っている．加えて，直線距離の分布に基づけば直交距離の分布が導かれるという理論的に大きな価値もある [902], [906]．この辺りが，直線距離に拘泥する所以である．

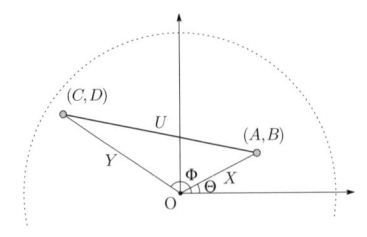

図 9.4 2点間の直線距離

2.2 直交距離モデル

図9.2(b)の2点間距離が直交距離（Recti-Linear距離）である．マンハッタン距離と呼ばれることもある（日本人たる私たちとしては京都距離とか札幌距離と呼んでもよさそうなものであるが）．この距離は横軸と縦軸に分解できる（図9.2(b)の太線）．すなわち直交する道路に沿うた直交座標において，起・終点 (A,B), (C,D) の直交距離 R を計算すると次のとおりである：

$$R = |A - C| + |B - D|. \tag{9.3}$$

2点間の移動には一度だけ右折あるいは左折をする行き方もあれば，小刻みに右左折を繰り返す行き方もある（図9.5）．図9.5の小刻みな移動を構成する要素を，横軸と縦軸に正射影すれば，一度だけ折れ曲がるいき方の距離に一致させることができることは明らかである．任意の起点からの直交距離の等高線は，図9.3(b)のように（その周が道路と45度の角度をなす）正方形で与えられる．

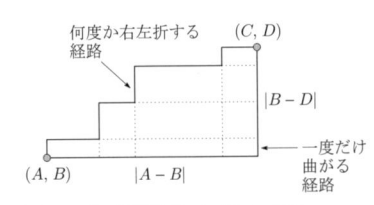

図 9.5 格子状道路網における2点間の移動

2.3 放射・環状距離モデル

図9.2(c)の2点間距離は放射・環状距離あるいはカールスルーエ距離などと呼ばれる．移動の起・終点を (X, Θ) ならびに (Y, Φ) と，円盤の中心を原点とする極座標で表し，2点の角差を

$$\Omega = \min\{|\Theta - \Phi|, 2\pi - |\Theta - \Phi|\} \tag{9.4}$$

と定義する．このとき 2 点間の放射・環状距離 S は次のように場合分けして算出される：

(i) $0 \leq \Omega < 2$ のとき $\quad S = |X - Y| + \min\{X, Y\}\Omega,$ (9.5)

(ii) $2 \leq \Omega \leq \pi$ のとき $\quad S = X + Y.$ (9.6)

角差が 2 ラジアン（約 114.59 度）のところで，経路パターンが分枝するのである．場合 (i) は放射路と環状路を共に用いる経路に対応する（図 9.2(c) のルート 1）．一方の場合 (ii) は放射路のみを用いて中心点を経由する経路に対応する（図 9.2(c) のルート 2）．

放射・環状距離の等高線は図 9.3(c) のように興味深い形状をしているが，これも 2 ラジアンにおける分枝を背景としている [902]．2rad は放射・環状メトリックのマジック・ナンバーである．放射・環状距離の等高線は直線距離や直交距離のそれらほどには自明でないので，以下にその成り立ちを説明しておこう．

円盤は回転対称だから，移動の起点を $(x, 0)$ に固定しても一般性は失われない．終点の座標は (y, θ) で与える．起点からの放射・環状距離 s の等高線を求めるに際しては，まず s を x, y, θ で表現し，それを $y = y(\theta)$ について解けばよい．これは以下に記すように，s の値によって三つに場合分けして記述される．ただし以下は $0 \leq \theta \leq \pi$ としたときの計算である．θ が負のとき（すなわち下半分）の等高線は正のときの等高線の x 軸に関する鏡映となる．場合 (I), (II), (III) に対応する等高線の形状を図 9.6 に示しておく．

(I) 【$0 \leq s \leq x$ のとき】

(I)—1 【$x < y$ ならば】$s = y - x + x\theta$
$\Rightarrow$ 等高線は $y(\theta) = x(1 - \theta) + s \quad \left(0 \leq \theta \leq \dfrac{s}{x}\right)$

(I)—2 【$y \leq x$ ならば】$s = x - y + y\theta$
$\Rightarrow$ 等高線は $y(\theta) = \dfrac{x - s}{1 - \theta} \quad \left(0 \leq \theta \leq \dfrac{s}{x}\right)$

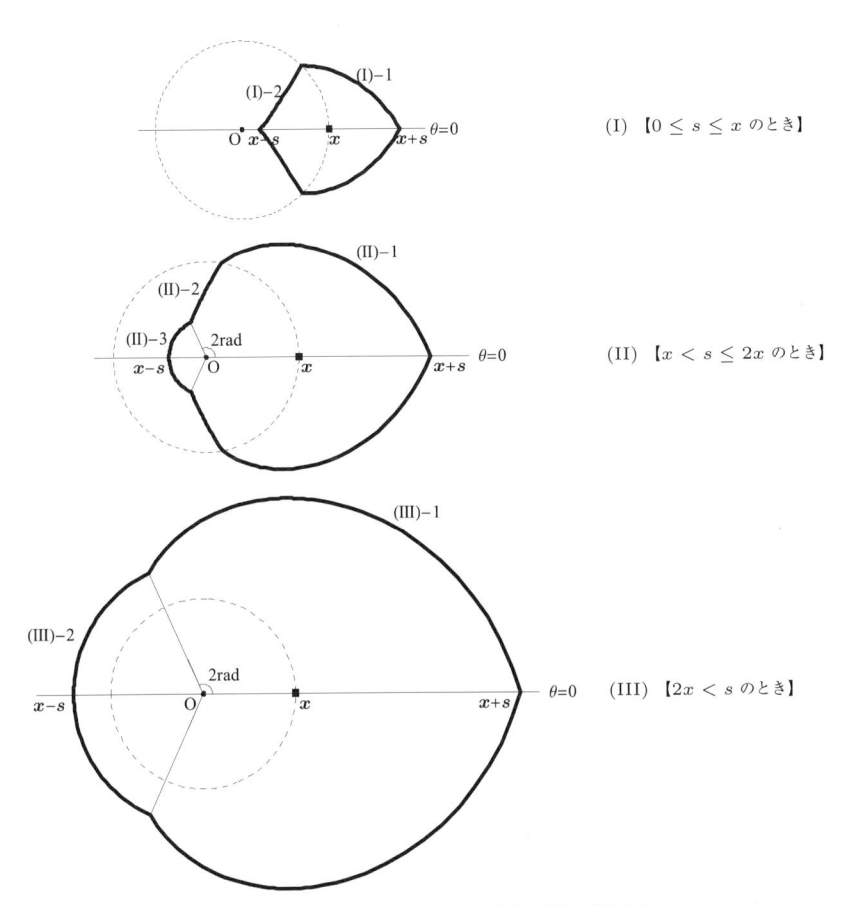

図 9.6 起点 $(x, 0)$ からの放射・環状距離 S の等高線に関する場合分け

(II) 【$x < s \leq 2x$ のとき】

(II)—1 【$x < y$ ならば】$s = y - x + x\theta$
 ⇒ 等高線は $y(\theta) = x(1 - \theta) + s$ $\left(0 \leq \theta \leq \dfrac{s}{x}\right)$

(II)—2 【$y \leq x$ かつ $0 \leq \theta \leq 2$ ならば】$s = x - y + y\theta$
 ⇒ 等高線は $y(\theta) = \dfrac{s - x}{\theta - 1}$ $\left(\dfrac{s}{x} < \theta \leq 2\right)$

(II)—3 【$y \leq x$ かつ $2 < \theta \leq \pi$ ならば】$s = x + y$
   ⇒ 等高線は $y(\theta) = s - x$ $(2 \leq \theta \leq \pi)$

(III) 【$2x < s$ のとき】

   (III)—1 【$0 \leq \theta \leq 2$ ならば】$s = y - x + x\theta$
      ⇒ 等高線は $y(\theta) = x(1 - \theta) + s$ $(0 \leq \theta \leq 2)$

   (III)—2 【$2 < \theta \leq \pi$ ならば】$s = x + y$
      ⇒ 等高線は $y(\theta) = s - x$ $(2 \leq \theta \leq \pi)$

第3節　距離分布の導出と特性の解明

3.1　円盤都市内の直線距離 U の分布

まず半径 α の円盤上で一様に分布する2点間の直線距離を U とすると，その確率密度関数 $f(u)$ は次式で与えられる [907],[908]：

$$f(u) = \frac{4u}{\pi\alpha^2}\arccos\frac{u}{2\alpha} - \frac{u^2}{\pi\alpha^4}\sqrt{4\alpha^2 - u^2}. \quad (0 \leq u \leq 2\alpha) \quad (9.7)$$

$f(u)$ の概形は図9.7に示すとおりである．また，その平均値 $\langle U \rangle$，二乗の平均値 $\langle U^2 \rangle$ ならびに分散 σ_U^2 は次のとおりである：

$$\langle U \rangle = \frac{128\alpha}{45\pi} \simeq 0.9054\alpha,$$
$$\langle U^2 \rangle = \alpha^2,$$
$$\sigma_U^2 = \left\{1 - \left(\frac{128}{45\pi}\right)^2\right\} \simeq (0.4245\alpha)^2.$$

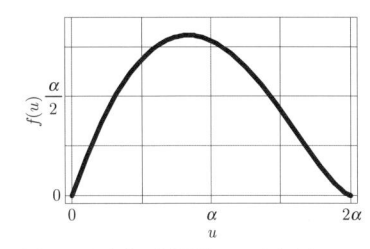

図9.7　円盤内の直線距離 U の確率密度関数 $f(u)$

この確率密度関数の導出は，正攻法ではなかなかに難しいのであるが，クロフトン (Crofton) の微分方程式という考え方によれば，比較的容易である．この方法を有り体に述べると，対象領域のスケールパラメタ α に関する f の微係数を定式化し，その結果得られる1階線形微分方程式を解く，というものである．この考え方は，幾何学的な対象物の上で（積分によって）定義されるさまざまな指標の導出に役立てることができる．

微分方程式で距離分布を求める

前出の確率密度関数 $f(u)$ を，便宜上 $f(u,\alpha)$ と書き直す．その半径 α による微係数 $(\mathrm{d}/\mathrm{d}\alpha)f(u,\alpha)$ を導くことにしよう．そのために，まず半径の増分 $\Delta\alpha$ を設け，半径 $\alpha + \Delta\alpha$ の円盤 C 上で一様に分布する2点間の直線距離分布 $f(u, \alpha + \Delta\alpha)$ に着目する．そして図9.8のよう

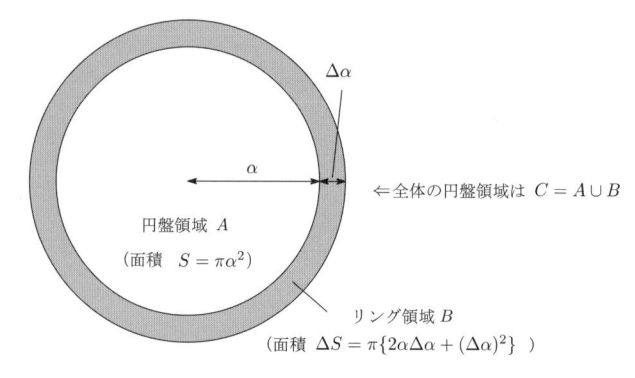

図 9.8 半径 α の円盤領域 A と半径の増分 $\Delta\alpha$ によってできる微小リング領域 B

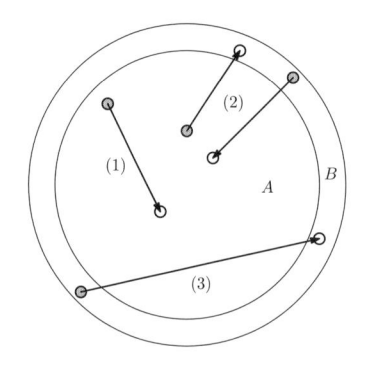

図 9.9 円盤領域 C 内の移動の直和分解：$(1) A \to A$；$(2) A \to B$ と $B \to A$；$(3) B \to B$

に，半径 α の円盤領域を A（面積は $S = \pi\alpha^2$），外側の微小リング領域を B（面積は $\Delta S = \pi\{2\alpha\Delta\alpha + (\Delta\alpha)^2\}$）と呼ぶことにする．すなわち $C = A \cup B$ である．

さて，円盤領域 C 上の 2 点間の移動は，$(1) A \to A$ の内々移動，$(2) A \to B$ と $B \to A$ の移動，$(3) B \to B$ の内々移動，という三者に直和分解される（図 9.9）．それぞれの測度（始点・終点ペアの量）は当然 $(1) S^2$，$(2) 2S\Delta S$，$(3) (\Delta S)^2$ である（表 9.1 の第 2 列）．これを全体の測度（円盤 C 上の始・終点ペアの総量）$(S + \Delta S)^2$ で除せば，3 種類の

表 9.1 C^2 の A^2, $A \times B \cup B \times A$, $B \times B$ への直和分解と，対応する U の確率密度関数

	起・終点ペアの種類	ペアの量（測度）	全測度に占める割合	U の確率密度関数
(1)	$A \times A$	S^2	$\dfrac{S^2}{(S+\Delta S)^2}$	$f(u, \alpha)$
(2)	$A \times B \cup B \times A$	$2S\Delta S$	$\dfrac{2S\Delta S}{(S+\Delta S)^2}$	$g(u, \alpha, \Delta\alpha)$
(3)	$B \times B$	$(\Delta S)^2$	$\dfrac{(\Delta S)^2}{(S+\Delta S)^2}$	$h(u, \alpha, \Delta\alpha)$
(全体)	$C^2 = (A \cup B)^2$	$(S+\Delta S)^2$	1	$f(u, \alpha + \Delta\alpha)$

移動が全測度に占める割合が求められる（表 9.1 の第 3 列）．

ここで，幅 $\Delta\alpha$ のリング B 上で一様に分布する点と，半径 α の円盤 A 上で一様に分布する点の間の直線距離の確率密度関数を $g(u, \alpha, \Delta\alpha)$ と定義する．加えて，リング B 上で一様に分布する 2 点間の直線距離の確率密度関数を $h(u, \alpha, \Delta\alpha)$ と定義する（表 9.1 の第 4 列）．そして，$f(u, \alpha + \Delta\alpha)$ を $f(u, \alpha)$, $g(u, \alpha, \Delta\alpha)$ ならびに $h(u, \alpha, \Delta\alpha)$ の加重和で表現してみよう．そのためには直和分解された始・終点ペア集合に対応する確率密度関数に，前出の，全測度に占める割合を乗じて足せばよいだけである：

$$f(u, \alpha + \Delta\alpha) = \frac{S^2}{(S+\Delta S)^2} f(u, \alpha) + \frac{2S\Delta S}{(S+\Delta S)^2} g(u, \alpha, \Delta\alpha)$$
$$+ \frac{(\Delta S)^2}{(S+\Delta S)^2} h(u, \alpha, \Delta\alpha). \tag{9.8}$$

式 (9.8) の両辺に $(S+\Delta S)^2$ を乗じた上で変形すると次式を得る：

$$f(u, \alpha + \Delta\alpha) - f(u, \alpha) = -\frac{2S\Delta S + (\Delta S)^2}{S^2} f(u, \alpha + \Delta\alpha)$$
$$+ \frac{2\Delta S}{S} g(u, \alpha, \Delta\alpha) + \frac{(\Delta S)^2}{S^2} h(u, \alpha, \Delta\alpha).$$

この両辺を $\Delta\alpha$ で除して，右辺の確率密度関数の係数を K, L, M と

おく：
$$\frac{f(u,\alpha+\Delta\alpha)-f(u,\alpha)}{\Delta\alpha} = -\frac{2S\Delta S+(\Delta S)^2}{S^2\Delta\alpha}f(u,\alpha+\Delta\alpha)$$
$$+\frac{2\Delta S}{S\Delta\alpha}g(u,\alpha,\Delta\alpha)+\frac{(\Delta S)^2}{S^2\Delta\alpha}h(u,\alpha,\Delta\alpha)$$
$$=Kf(u,\alpha+\Delta\alpha)+Lg(u,\alpha,\Delta\alpha)$$
$$+Mh(u,\alpha,\Delta\alpha)$$

ここで $\Delta\alpha \to 0$ とするときの，各係数の収束先を，$S=\pi\alpha^2$, $\Delta S = \pi\{2\alpha\Delta\alpha+(\Delta\alpha)^2\}$ に注意しつつ計算すると次のとおりである：

$$K=-\frac{2\pi(2\alpha+\Delta\alpha)}{S}-\frac{\pi^2\Delta\alpha(2\alpha+\Delta\alpha)^2}{S^2} \to -\frac{4\pi\alpha}{S}=-\frac{4}{\alpha},$$
$$L=\frac{4}{\alpha}+\frac{2\Delta\alpha}{\alpha^2} \to \frac{4}{\alpha},$$
$$M=\frac{\Delta\alpha(2\alpha+\Delta\alpha)^2}{\alpha^4} \to 0.$$

また，
$$\frac{f(u,\alpha+\Delta\alpha)-f(u,\alpha)}{\Delta\alpha} \to \frac{\mathrm{d}}{\mathrm{d}\alpha}f(u,\alpha),$$
$$g(u,\alpha,\Delta\alpha) \to g(u,\alpha,0)$$

である．こうして，1階線形微分方程式
$$\frac{\mathrm{d}}{\mathrm{d}\alpha}f(u,\alpha)=-\frac{4}{\alpha}f(u,\alpha)+\frac{4}{\alpha}g(u,\alpha,0)$$

を得る．$\Delta\alpha=0$ であるから，$g(u,\alpha,0)$ は「半径 α の円周上で一様な点と，円盤上で一様な点の間の直線距離 U の確率密度関数」を意味することがわかる．そして，もはや $\Delta\alpha$ は登場しないので，これを簡単に $g(u,\alpha)$ と記して，書き直しておこう：

【円盤上で一様な2点に関するクロフトンの微分方程式】
$$\frac{\mathrm{d}}{\mathrm{d}\alpha}f(u,\alpha)=-\frac{4}{\alpha}f(u,\alpha)+\frac{4}{\alpha}g(u,\alpha). \tag{9.9}$$

あとは $g(u,\alpha)$ を特定した上で，この微分方程式を解けばよい．

これはクロフトンの微分方程式というさらに一般的な微分方程式の一類型である．クロフトンの微分方程式については [907], [908], [912], [913] に詳しい．その心意（こころ）は，「多様体上に分布する点に関する積分で定義される指標を，1点が多様体の境界上に位置するものとして算出した結果（上述の $g(u,\alpha)$ がそれに当たる）を定数項として持つ，多様体のスケール・パラメタに関する1階線形微分方程式を解いて求める」点にある．特に球体内で一様な点に関しては，1点を球面上に固定した指標の算出が容易である場合が多いので，威力を発揮しやすい．ここでいう球体とは1次元の区間，円盤，球，超球である．

なお，ここでは u を直線距離とするシナリオで微分方程式を導いたが，実際のところ導出過程で u が直線距離であるという性質は用いていない．どのような距離であろうと前述の論理は成り立つ．ただし，次の小節で述べるように，$g(u,\alpha)$ が"周上の任意の位置に固定した1点から円盤上に分布する点への距離の確率密度関数である"とみなせるためには，回転対称性の高い距離である必要がある．そのような距離の例としては，直線距離と（後述の）放射・環状距離がある．

円周上の固定点から円盤上で一様な点への直線距離の分布

さて，問題の $g(u,\alpha)$ を算出したい．まず移動の起点を円周上の1点に固定しよう．このとき $g(u,\alpha)$ は，起点からの距離 u の等高線（すなわち半径 u の円周）が，半径 α の円盤に交わった部分の長さ $L(u)$ を，円盤面積 $S = \pi\alpha^2$ で除したもの $L(u)/S$ に他ならない．そのうえ，この交わりは，円盤と，直線距離の等高線，双方の回転対称性によって，起点の位置によらない．起点を円周上の1点に固定しても一般性は失われないのである．すなわち $g(u,\alpha)$ は，円周上の固定点と，円盤上の一様な点の距離 U の確率密度関数に他ならない．

もう少しだけ説明を加えておこう．図 9.10(a) に，円周上でランダムな点と円盤上でランダムな点の距離の様子を示す．一方，図 9.10(b) は円

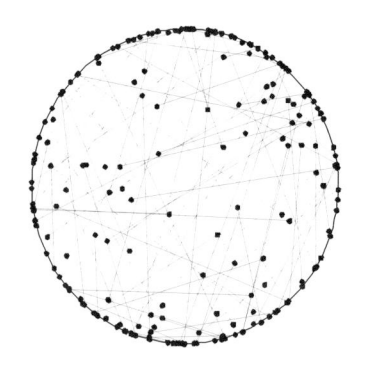

(a) 円周上でも円盤上でもランダム．

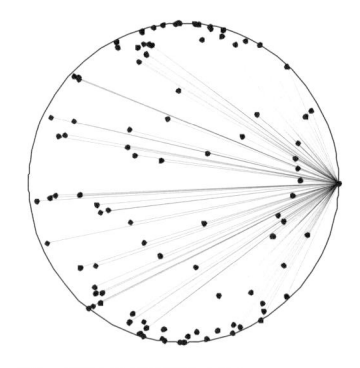

(b) 円周上の点を固定した場合．

図 9.10 円周上の点と円盤内の点との距離の様子（両者の確率分布は一致する）

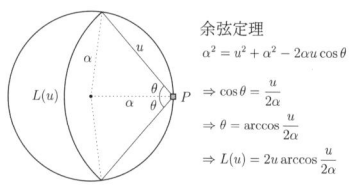

余弦定理
$a^2 = u^2 + \alpha^2 - 2\alpha u \cos\theta$
$\Rightarrow \cos\theta = \dfrac{u}{2\alpha}$
$\Rightarrow \theta = \arccos \dfrac{u}{2\alpha}$
$\Rightarrow L(u) = 2u \arccos \dfrac{u}{2\alpha}$

図 9.11 円周上の固定点 P を中心とする半径 u の円周と円盤領域の交わりの長さ $L(u)$

周上の点を固定した様子である．円周上のどこに固定しようと，円盤上のランダムな点との直線距離 U の分布が変わりないことが理解できる．

今回の場合，図 9.11 に示す簡単な計算によって周上の固定点からの直線距離の確率密度関数が次のとおりに得られる：

$$g(u,\alpha) = \frac{L(u)}{S} = \frac{2u}{\pi\alpha^2} \arccos \frac{u}{2\alpha}. \qquad (9.10)$$

式 (9.10) を前出の微分方程式 (9.9) に代入することによって

$$\frac{\mathrm{d}}{\mathrm{d}\alpha} f(u,\alpha) = -\frac{4}{\alpha} f(u,\alpha) + \frac{8u}{\pi\alpha^3} \arccos \frac{u}{2\alpha} \qquad (9.11)$$

を得る．これを 1 階線形微分方程式の公式に従って解くと次のとおりである：

$$f(u,\alpha) = \frac{4u}{\pi\alpha^2} \arccos \frac{u}{2\alpha} - \frac{u^2}{\pi\alpha^4} \sqrt{4\alpha^2 - u^2} + \frac{C(u)}{\alpha^4}. \qquad (9.12)$$

なお，1 階線形微分方程式 $y' + p(x)y + q(x) = 0$ の一般解は

$$y = e^{-\int p(x)\,\mathrm{d}x} \left\{ C - \int q(x) e^{\int p(x)\,\mathrm{d}x}\,\mathrm{d}x \right\}$$

である．念のため．さて式 (9.12) の $C(u)$ は未知の u のみの関数であって，変数 α から見れば定数である．ここで $u = 2\alpha$ のとき（すなわち直線距離の最大値にあっては）$f = 0$ が成り立つはずだから，初期条件 "$\alpha = u/2$ のとき $f = 0$" が成り立つ：

$$f\left(u, \frac{u}{2}\right) = \frac{C(u)}{\alpha^4} = 0.$$

すなわち $C(u) = 0$ が判明する．こうして次の最終結果を得る：

$$f(u,\alpha) = \frac{4u}{\pi\alpha^2} \arccos \frac{u}{2\alpha} - \frac{u^2}{\pi\alpha^4} \sqrt{4\alpha^2 - u^2}. \quad (0 \leq u \leq 2\alpha) \quad (9.13)$$

3.2 円盤都市内の直交距離 R の分布

次に一様な始・終点間の Recti-Linear 距離を R とし，その確率密度

関数を $\phi(r)$ と記す．この分布は，直線距離の密度関数 $f(u)$ を用いて次式のとおりに表現される：

(i) $0 \leq r \leq 2\alpha$ のとき

$$\phi(r) = \frac{4}{\pi} \int_{r/\sqrt{2}}^{r} \frac{f(u)}{\sqrt{2u^2 - r^2}} \, du, \qquad (9.14)$$

(ii) $2\alpha < r \leq 2\sqrt{2}\alpha$ のとき

$$\phi(r) = \frac{4}{\pi} \int_{r/\sqrt{2}}^{2\alpha} \frac{f(u)}{\sqrt{2u^2 - r^2}} \, du. \qquad (9.15)$$

上式中の積分は，楕円積分を含む煩雑な形式に帰着するので，数値計算が必要である．これは，始・終点の直線距離が一定値 u である場合の始・終点の相対的な位置関係を吟味することによって導かれる．$\phi(r)$ の概形は図 9.12 に示すとおりである．

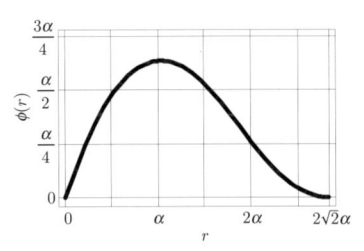

図 **9.12** 円盤内の直交距離 R の確率密度関数 $\phi(r)$

R の平均値，二乗の平均値，分散は次のとおり：

$$\langle R \rangle = \frac{512}{45\pi^2}\alpha \simeq 1.1528\alpha,$$

$$\langle R^2 \rangle = \left(1 + \frac{2}{\pi}\right)\alpha^2,$$

$$\sigma_R^2 = \left\{\left(1 + \frac{2}{\pi}\right) - \left(\frac{512}{45\pi^2}\right)^2\right\}\alpha^2 \simeq (0.5547\alpha)^2.$$

変数変換によって距離分布を求める

まずランダムな 2 点対のうち，その直線距離が U であるものを考える．ただし所与の直交座標で縦軸の下方にある点を P と呼び，他方を Q と呼ぶ．横軸と線分 PQ のなす角度を反時計回りで Θ としよう（図 9.13）．このとき，2 点を結ぶ直交距離 R と直線距離 U の間には

$$R = U(|\cos\Theta| + |\sin\Theta|) \qquad (9.16)$$

なる関係がある．定義により Θ は $[0, \pi]$ の均一分布に従うが，R の分布

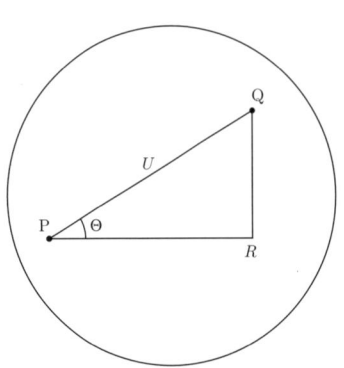

図 **9.13** 半径 α の円盤上の直交距離 R と直線距離 U

を求めるに際しては，円盤の回転対称性により，$0 \leq \theta \leq \pi/4$ として一般性は失われない．すなわち式 (9.16) の絶対値を外して R を次のように書いてよい：

$$R = U(\cos\Theta + \sin\Theta) = \sqrt{2}U\sin\left(\frac{\pi}{4} + \Theta\right). \tag{9.17}$$

Θ の確率密度関数 $g(\theta)$ は次のとおりである：

$$g(\theta) = \frac{4}{\pi} \quad (0 \leq \theta \leq \pi/4). \tag{9.18}$$

目標は，U の確率密度式 (9.7) と Θ の確率密度式 (9.18) の下での，R の確率密度（$\phi(r)$ とする）の導出である．そのために，まず $U = u$ なる条件つきでの R の累積分布すなわち Prob.$\{R \leq r | U = u\}$ = Prob.$\{\sqrt{2}u\sin(\pi/4 + \theta) \leq r\}$ を求め，これに $f(u)$ を乗じ積分して R の累積分布 $\Phi(r)$ を導出しよう．$\sqrt{2}u\sin(\pi/4+\theta)$ が $\theta = \pi/4$ で最大値 $\sqrt{2}$ を取ることと式 (9.18) に着目して Prob.$\{R \leq r | U = u\}$ を求めると，式 (9.19)〜式 (9.23) のような場合分けで記述できる．なお，下記で (i) には場合（ハ）があるのに (ii) には場合（ハ）が存在しないのは，U の上限は 2α だから $2\alpha \leq r$ のときには R は必ず u 以上になるからである．

(i) $0 \leq r < 2\alpha$ のとき
　（イ）$0 \leq u \leq r/\sqrt{2}$ ならば

$$\text{Prob.}\{R \leq r | U = u\} = 1, \tag{9.19}$$

　（ロ）$r/\sqrt{2} < u \leq r$ ならば

$$\text{Prob.}\{R \leq r | U = u\} = \frac{4}{\pi}\arcsin\frac{r}{\sqrt{2}u} - 1, \tag{9.20}$$

　（ハ）$r < u \leq 2\alpha$ ならば

$$\text{Prob.}\{R \leq r | U = u\} = 0; \tag{9.21}$$

(ii) $2\alpha \leq r < 2\sqrt{2}\alpha$ のとき

（イ）$0 \leq u \leq r/\sqrt{2}$ ならば
$$\text{Prob.}\{R \leq r | U = u\} = 1, \qquad (9.22)$$

（ロ）$r/\sqrt{2} < u \leq 2\alpha$ ならば
$$\text{Prob.}\{R \leq r | U = u\} = \frac{4}{\pi} \arcsin \frac{r}{\sqrt{2}u} - 1. \qquad (9.23)$$

R の累積分布関数 $\Phi(r)$ は次式のとおりである：
$$\Phi(r) = \int_0^{2\alpha} \text{Prob.}\{R \leq r | U = u\} f(u) \, du. \qquad (9.24)$$

式 (9.24) を式 (9.19)～式 (9.23) の場合分けに応じて計算し，r で微分すれば確率密度関数 $\phi(r)$ を得る：

(i) $0 \leq r \leq 2\alpha$ のとき
$$\phi(r) = \frac{4}{\pi} \int_{r/\sqrt{2}}^r \frac{f(u)}{\sqrt{2u^2 - r^2}} \, du; \qquad (9.25)$$

(ii) $2\alpha < r \leq 2\sqrt{2}\alpha$ のとき
$$\phi(r) = \frac{4}{\pi} \int_{r/\sqrt{2}}^{2\alpha} \frac{f(u)}{\sqrt{2u^2 - r^2}} \, du. \qquad (9.26)$$

式 (9.25)，式 (9.26) の積分は楕円積分を含んだ長く煩雑な形式に帰着するので，密度の算出は事実上数値計算を必要とする．

3.3　円盤都市内の放射・環状距離 S の分布

最後に一様な始・終点間の放射・環状距離を S とし，その確率密度関数 $\psi(s)$ を記すと次式のとおりである：

(i) $0 \leq s \leq \alpha$ のとき
$$\psi(s) = \frac{(2\pi - 11)s^3 + 12\alpha^2 s}{3\pi\alpha^4}, \qquad (9.27)$$

(ii) $\alpha < s \leq 2\alpha$ のとき

$$\psi(s) = \frac{(5-2\pi)s^3 + 12(\pi-3)\alpha^2 s + 8(4-\pi)\alpha^3}{3\pi\alpha^4}. \quad (9.28)$$

$\psi(s)$ の概形は図 9.14 に示すとおりである．S の平均値，二乗の平均値，分散は次のとおり：

$$\langle S \rangle = \frac{20\pi - 16}{15\pi}\alpha \simeq 0.9938\alpha,$$

$$\langle S^2 \rangle = \frac{17\pi - 20}{9\pi}\alpha^2,$$

$$\sigma_S^2 = \frac{1}{9}\left\{1 + \frac{28}{5\pi} - \left(\frac{16}{5\pi}\right)^2\right\}\alpha^2 \simeq (0.4403\alpha)^2.$$

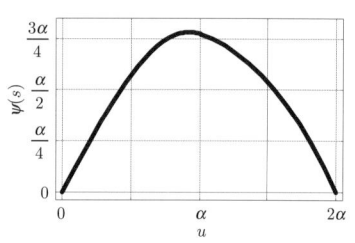

図 9.14 円盤内の放射・環状距離 S の確率密度関数 $\psi(s)$

微分方程式で放射・環状距離分布を求める

放射・環状距離の分布は，前出の直線距離の場合と同様に，クロフトンの微分方程式に基づいて算出できる．ここでは $\psi(s)$ を便宜上 $\psi(s,\alpha)$ と書き表し，$\gamma(s,\alpha)$ を円周上で一様に分布する点と円盤上で一様に分布する点との放射・環状距離 S の確率密度関数と定義する．すると，微分方程式で直線距離の分布を求める場合と全く同様の理屈で 1 階線形微分方程式が成立するのである：

$$\frac{\mathrm{d}}{\mathrm{d}\alpha}\psi(s,\alpha) = -\frac{4}{\alpha}\psi(s,\alpha) + \frac{4}{\alpha}\gamma(s,\alpha). \quad (9.29)$$

これは式 (9.9) の，$f(u,\alpha)$ を $\psi(s,\alpha)$ で置き換え，$g(u,\alpha,0)$ を $\gamma(s,\alpha,0)$ で置き換えて計算すれば得られる．加えて，円盤の回転対称性によって，$\gamma(s,\alpha)$ は「円周上に固定した 1 点と，円盤上で一様な点の間の放射・環状距離 S の確率密度関数」と述べることもできる．このことは直線距離の場合に図 9.10 を用いて示したのと同様の理屈である．

このように，先ずは円周から円盤への放射・環状距離分布 $\gamma(s,\alpha)$ を導出しよう．

円周上の固定点から円盤上で一様な点への放射・環状距離の分布

$\gamma(s,\alpha)$ を求めるためには，半径 α の円周上に固定した点 $P=(\alpha,0)$ から距離 s 以内で到達できる確率，すなわち S の累積分布関数 $\Gamma(s,\alpha)$ を導き，それを s で微分すればよい．ここで点 P からの移動の目的点の方は円盤上で一様に分布している．したがって $\Gamma(s,\alpha)$ は，円盤内のうち点 P から距離 s 以内で到達できる領域の面積を，円盤の面積 $\pi\alpha^2$ で除したものである．この計算は (I)【$0 \leq s \leq \alpha$】と (II)【$\alpha < s \leq 2\alpha$】に場合分けして行われる（図 9.15 の (I) と (II)）．

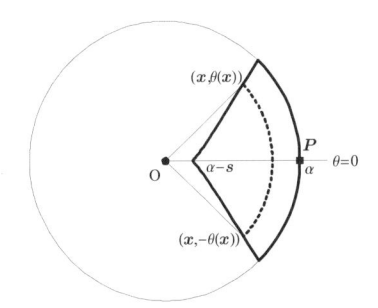

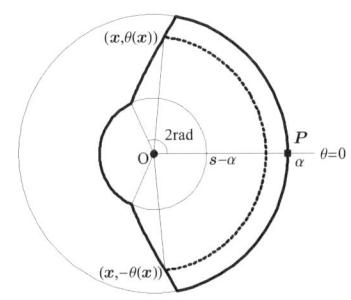

(I)【$0 \leq s \leq \alpha$ のとき】
点 P から距離 s で到達できる終点の座標を $(x,\theta(x))$ で表現する．

$$s = \alpha - x + x\theta$$

だから，図 9.6 の (I)—2 で示したのと同じ理屈で，図 9.15—(I) の太線領域が点 P から距離 s 以内で到達できる領域ということになる．この領域の面積を求めるには図 9.15—(I) の太い点線で表される半径 x の弧の長さに dx を乗じて $\alpha - s \leq x \leq \alpha$ で積分すればよい．いま距離 s の式を θ について解くと $\theta(x) = (s - \alpha + x)/x$ だから求める面積は次式のとおりである：

$$\text{面積}_\text{I}(s) = \int_{\alpha-s}^{\alpha} x \times 2\theta(x)\, dx = 2\int_{\alpha-s}^{\alpha}(s-\alpha+x)\, dx = s^2.$$

したがって，S の累積分布関数は次式のとおりである：

$$\Gamma(s,\alpha) = \frac{\text{面積}_\text{I}(s)}{\pi\alpha^2} = \frac{s^2}{\pi\alpha^2} \quad (0 \leq s \leq \alpha). \tag{9.30}$$

(II)【$\alpha < s \leq 2\alpha$ のとき】
この場合は点 P から距離 s 以内で到達できる領域が，点 P から放射路と環状路を共に使っていく終点の集合と，点 P から放射路のみを用い

(I)【$0 \leq s \leq \alpha$ のとき】

(II)【$\alpha < s \leq 2\alpha$ のとき】

図 9.15　周上の起点 $(\alpha,0)$ からの放射・環状距離 S の累積分布関数の計算

て（円盤の中心点を通過して）いく終点の集合とからなる．このことは図 9.6—(II) で示した．具体的には，これは図 9.15—(II) の太線内部で与えられる．この領域を，円盤の中心を中心点とする半径 $s-\alpha$ の円盤と，それを右側から加え込む領域とに分けて積算すればよい．後者は場合 (I) と同様の積分を区間 $[s-\alpha, \alpha]$ で行ったものとなる：

$$\text{面積}_{\text{II}}(s) = \pi(s-\alpha)^2 + 2\int_{s-\alpha}^{\alpha}(s-\alpha+x)\,\mathrm{d}x$$
$$= (\pi-3)s^2 + 2(4-\pi)\alpha s - (4-\pi)\alpha.$$

したがって，求める累積分布関数は次式のとおりである：

$$\Gamma(s,\alpha) = \frac{\text{面積}_{\text{II}}(s)}{\pi\alpha^2}$$
$$= \frac{(\pi-3)s^2 + 2(4-\pi)\alpha s - (4-\pi)\alpha^2}{\pi\alpha^2} \quad (\alpha \leq s \leq 2\alpha). \quad (9.31)$$

式 (9.30), 式 (9.31) の $\Gamma(s,\alpha)$ を s で微分すれば，目標の確率密度関数を得る：

$$\gamma(s,\alpha) = \frac{2s}{\pi\alpha^2} \quad (0 \leq s \leq \alpha), \qquad (9.32)$$

$$\gamma(s,\alpha) = \frac{2(\pi-3)s + 2(4-\pi)\alpha}{\pi\alpha^2} \quad (\alpha \leq s \leq 2\alpha). \quad (9.33)$$

微分方程式による算出

式 (9.32), 式 (9.33) で求めた $\gamma(s,\alpha)$ を微分方程式 (9.29) に代入し，これを解けば，所期の目的が達せられる．便宜上，$0 \leq s \leq \alpha$ のときの確率密度を $\psi_1(s,\alpha)$ と表し，$\alpha < s \leq 2\alpha$ のときの確率密度を $\psi_2(s,\alpha)$ と表すことにしよう．まず場合 (I) の密度 γ を式 (9.29) に代入すると

$$\frac{\mathrm{d}}{\mathrm{d}\alpha}\psi_1(s,\alpha) = -\frac{4}{\alpha}\psi_1(s,\alpha) + \frac{8s}{\pi\alpha^3} \qquad (9.34)$$

が得られ，その一般解は次式のとおりである：

$$\psi_1(s,\alpha) = \frac{4s}{\pi\alpha^2} + \frac{C_1(s)}{\alpha^4} \quad (C_1(s) \text{ は未知の } s \text{ のみの関数}). \quad (9.35)$$

同様に，場合 (II) の密度 γ を式 (9.29) に代入すると
$$\frac{\mathrm{d}}{\mathrm{d}\alpha}\psi_2(s,\alpha) = -\frac{4}{\alpha}\psi_2(s,\alpha) + \frac{8(\pi-3)s + 8(4-\pi)\alpha}{\pi\alpha^3} \tag{9.36}$$
が得られ，こちらの一般解は次のとおりである：
$$\psi_2(s,\alpha) = \frac{12(\pi-3)s\alpha^2 + 8(4-\pi)\alpha^3}{3\pi\alpha^4} + \frac{C_2(s)}{\alpha^4}$$
$$(C_2(s) \text{ は未知の } s \text{ のみの関数}). \tag{9.37}$$

最後に未知の関数（α から見れば定数）$C_1(s)$ と $C_2(s)$ を決めればよい．まず，密度 ψ は連続関数の筈だから，$\alpha = s$ のときの $\psi_1(s,\alpha)$ と $\psi(s,\alpha)$ とが一致すべきである．いま
$$\psi_1(s,s) = \frac{4}{\pi s} + \frac{C_1(s)}{s^4},$$
$$\psi_2(s,s) = \frac{4(\pi-1)}{3\pi s} + \frac{C_2(s)}{s^4}$$
であるから，$\psi_1(s,s) = \psi_2(s,s)$ とおけば
$$\frac{4}{\pi s} + \frac{C_1(s)}{s^4} = \frac{4(\pi-1)}{3\pi s} + \frac{C_2(s)}{s^4}$$
を得る．これを $C_2(s)$ について解くと次式を得る：
$$C_1(s) = \frac{4(\pi-4)s^3}{3\pi} + C_2(s). \tag{9.38}$$
続いて $s = 2\alpha$ のとき $\psi = 0$ であることから，初期値として "$\alpha = s/2$ のとき $\psi = 0$" が成立することに着目しよう．すなわち式 (9.37) から
$$\psi_2\left(s,\frac{s}{2}\right) = \frac{16(2\pi-5)}{3\pi s} + \frac{16 C_2(s)}{s^4} = 0$$
だから，$C_2(s)$ が特定される：
$$C_2(s) = \frac{(5-2\pi)s^3}{3\pi}. \tag{9.39}$$
これを式 (9.38) に代入すれば，$C_1(s)$ も特定される：
$$C_1(s) = \frac{(2\pi-11)s^3}{3\pi}. \tag{9.40}$$
式 (9.40) の $C_1(s)$ を式 (9.35) に，式 (9.39) の $C_2(s)$ を式 (9.37) に代

入すれば，目的が達せられる：

$$\psi_1(s) = \frac{(2\pi - 11)s^3 + 12\alpha^2 s}{3\pi\alpha^4}, \tag{9.41}$$

$$\psi_2(s) = \frac{(5 - 2\pi)s^3 + 12(\pi - 3)\alpha^2 s + 8(4 - \pi)\alpha^3}{3\pi\alpha^4}. \tag{9.42}$$

第4節　道路パターンの比較

前出の三つの確率密度関数 (9.7)，(9.14) と (9.15)，(9.27) と (9.28) を示すのが図 9.16 である．分布の裾が，直線距離→放射・環状距離→直交距離，の順に重くなっているのがわかる．特に，直交距離の分布範囲（レンジ）が放射・環状距離のそれよりも広く，分布の裾も重いことは示唆的である．これは，広域圏の道路基軸パターンとして格子状道路が適切でないことを意味している．これを標語的にまとめると次のとおりである：

1. 近隣同士を結びつける基軸道路パターンとしては，距離のたかが知れているので（敷地計画に良い見通しを与えるという美徳を持つ）格子状が良い．
2. 広域圏の移動を受け持つ基軸道路パターンとしては，移動の効率性を担保するために放射・環状が良い．

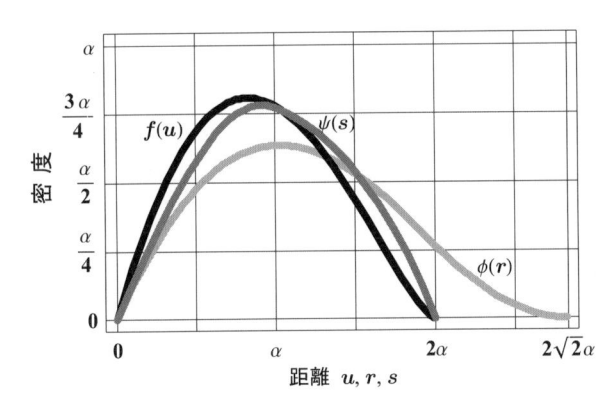

図 9.16　円盤内の三つの距離の確率密度関数

表 9.2 円盤内距離に関する特性値の一覧

変数	平均値	二乗平均値	分散
直線距離 U	$\dfrac{128}{45\pi}\alpha \simeq 0.9054\alpha$	α^2	$\left\{1-\left(\dfrac{128}{45\pi}\right)^2\right\}\alpha^2 \simeq (0.4245\alpha)^2$
直交距離 R	$\dfrac{512}{45\pi^2}\alpha \simeq 1.1528\alpha$	$\dfrac{\pi+2}{\pi}\alpha^2$	$\left\{\left(1+\dfrac{2}{\pi}\right)-\left(\dfrac{512}{45\pi^2}\right)^2\right\}\alpha^2 \simeq (0.5547\alpha)^2$
放射・環状距離 S	$\dfrac{20\pi-16}{15\pi}\alpha \simeq 0.9938\alpha$	$\dfrac{17\pi-20}{9\pi}\alpha^2$	$\dfrac{1}{9}\left\{1+\dfrac{28}{5\pi}-\left(\dfrac{16}{5\pi}\right)^2\right\}\alpha^2 \simeq (0.4403\alpha)^2$
直交-直線比 $\dfrac{R}{U}$	$\dfrac{4}{\pi} \simeq 1.273$	$1+\dfrac{2}{\pi}$	$1+\dfrac{2}{\pi}-\dfrac{16}{\pi^2} \simeq 0.1244^2$
放環-直線比 $\dfrac{S}{U}$	1.118	1.257	0.0795^2

　三つの距離の特性値を表 9.2 に示す．平均値と分散の双方について，直線距離→放射・環状距離→直交距離の順に大きくなっている．特に平均値については $\langle R \rangle/\langle U \rangle = 4/\pi \simeq 1.2732$, $\langle S \rangle/\langle U \rangle = 3(5\pi-4)/32 \simeq 1.0976$ が成り立つ．すなわち，一様な 2 点間の平均直交距離は平均直線距離の約 1.27 倍であり，平均放射・環状距離は平均直線距離の約 1.10 倍である．平均距離や総距離を，（道路上の距離ではなく）直線距離で測るときの後ろめたさが，一応数値的に把握できるのである．なお，この種の分析については詳しくは [906] を参照せられたい．そこでは矩形盤上の直線距離と直交距離の分布が記述されている．

　さらに，表 9.2 の下部の結果から，直交距離と直線距離の比の平均値は $\langle R/U \rangle = \langle R \rangle/\langle U \rangle \simeq 1.2732$ である（比の平均値と平均値の比が一致する特異な例）．また放射・環状距離と直線距離の比の平均値のほうは，数値積分により $\langle S/U \rangle \simeq 1.118$ である．バラツキの具合を見ると，R/U の標準偏差が 0.124（変動係数は 0.098）であり，S/U の標準偏差

が 0.080（変動係数は 0.071）である．比は，かなり安定しているのである．

直線距離は，いわば"平面上のあらゆる距離の第 0 次近似"であり，これを用いるとさまざまな計測や分析が簡便に行われることは言うまでもない．しかし，これがあくまでも近似に過ぎないことには留意せねばならない．この留意の仕方を表 9.2 の結果から読みとった訳である．ここで，前述の比のバラツキが比較的に小さい点に着目すれば，道路距離を直線距離で近似することは（少なくとも実用的な観点からは）致命的ではなさそうである．

なお，前述のクロフトンの微分方程式を用いれば，起・終点が Clark 型の回転対称な人口分布に従うときの，放射・環状距離の分布を明示的に導くことも可能である [905]．道路の基軸パターンの設計と人口分布のあり様が，結果として如何なるサービス水準を住民に与えるか．これを数理的に追求するための一つの基礎がこの辺りにありそうである．

演習問題

【問題 1】 本章においては，円盤の半径を α から $\alpha + \Delta\alpha$ に変化させる過程を通じて，円盤領域に関するクロフトンの微分方程式を導いた．次元を一つ落として，1 次元の長さ L の線分を $L + \Delta L$ に変化させることによって，同様の微分方程式を導きなさい．

【問題 2】 問題 1 の結果に基づいて，$[0, L]$ 上で一様な 2 点の距離分布を導出しなさい．

【参考文献】

序章

[001] H. P. ウィリアムス著，前田栄次郎監訳，小林英三訳，数理計画モデルの作成法，産業図書，1995

[002] 奥平耕造，都市工学読本，彰国社，1976

[003] 近藤次郎，数学モデル，丸善株式会社，1976

[004] 篠崎寿夫，松森徳衛，吉田正廣，現代工学のための変分学入門，現代工学社，1991

[005] J. スウィフト著，平井正穂訳，ガリヴァー旅行記，岩波書店，1980

[006] S. I. ハヤカワ，思考と行動における言語 (原書第 4 版)，岩波書店，1985

[007] 古山正雄，造形数理 (造形ライブラリー 01)，共立出版，2002

[008] W. ヘリー著，金子敬生，伊藤 滋訳，地域モデル入門，マグロウヒル好学社，1978

[009] C. A. ペリー著，倉田和四生訳 (1975 邦訳)：近隣住区論，鹿島出版会．

1 章

[101] A. ウェーバー著，篠原泰三訳，工業立地論，大明堂，1986

[102] 岡部篤行，鈴木敦夫，最適配置の数理，朝倉書店，1992

[103] 加藤直樹，大崎 純，谷 明勲著，建築システム論 (造形ライブラリー 03)，共立出版，2002

[104] 今野 浩，山下 浩著，非線形計画法，日科技連，1978

[105] P. ディッケン，P. E. ロイド著，伊藤喜栄監訳，池谷江理子，岡橋秀典，富田和暁，宮町良広，森川 滋訳，立地と空間 (下)，古今書院，1997

[106] S. ヒルデブラント，A. トロンバ著，小川 泰，神志那良雄，平田隆幸訳，形の法則―自然界の形とパターン―，東京化学同人，1994

[107] Cooper, L., Location-Allocation Problems, *Operations Research*, Vol. 11, pp. 331–343, 1963

2 章

[201] 栗田　治, 施設配置モデル―社会のための数学の例―, オペレーションズ・リサーチ, Vol.41, pp.174–177, 1995

[202] Ghosh, A. and G. Rushton, *Spatial Analysis and Location-Allocation Models*, Van Nostrand Reinhold Company, 1987

3 章

[301] 伊理正夫監修, 腰塚武志編集, 計算幾何学と地理情報処理 (第 2 版), 共立出版, 1993

[302] 岡部篤行, 鈴木敦夫, 最適配置の数理, 朝倉書店, 1992

[303] 岸本達也, 連続平面上における基本的施設配置問題の競合学習法を応用した解法, 都市計画論文集, No.32, pp.109–114, 1997

[304] Cooper, L., Location-Allocation Problems, *Operations Research*, Vol. 11, pp. 331–343, 1963

4 章

[401] 井関一隆, ビル間高架連絡通路の最適配置, 慶應義塾大学大学院理工学研究科修士論文, 1995

[402] 大澤義明, 橋の本数と迂回の関係について, 日本都市計画学会学術研究論文集 (都市計画別冊昭和 61 年度), pp. 241–246, 1986

[403] 岡本貴章, 橋の適正配置モデル―駅構内連絡通路の設計・評価への応用―, 慶應義塾大学大学院理工学研究科修士論文, 1999

[404] 岡本貴章, 栗田　治, 橋の適正配置に基づく逐次添加計画, 日本オペレーションズ・リサーチ学会秋季研究発表会アブストラクト集, 1-B-9, pp.40–41, 1998

[405] 栗田　治, 市川浩司, プロポーションの最適化 (技術ノート・建築システムのための最適化 3), 建築雑誌, Vol. 118, No.1511, pp.054–055, 2003

5 章

[501] 奥平耕造, 都市工学読本, 彰国社, 1976

[502] 鹿島編, 超高層ビルなんでも小事典―意外に知らないその素顔―, 講談社 (ブルーバックス), 1988

[503] 黒澤　俊，栗田　治，オフィスビルのエレベータバンク構成に関する数理モデル—コンベンショナルゾーニング方式のための最適設計—，日本建築学会計画系論文集，第 550 号，pp. 135–142, 2001

[504] 建築単位の事典研究会編，建築単位の事典，彰国社，1992

[505] 田口　東 (1994)：大規模超高層ビルにおける内々交通とエレベータ通路, Journal of the Operations Research Society of Japan, Vol. 37, No.3, pp. 232–242.

[506] 田口　東，腰塚武志，交通路面積を考慮に入れた高層建物の移動時間の評価, Journal of the Operations Research Society of Japan, Vol. 44, No.4, pp. 326–343, 1994

6 章

[601] 鈴木啓祐，人口分布の構造解析，大朋堂，1985

[602] 戸沼幸市，人口尺度論—居住環境の人間尺度，彰国社，1980

[603] A.J. ハーン著，市村宗武監訳，狩野　覚，狩野秀子訳，解析入門 Part2 微積分と科学，シュプリンガー・フェアラーク，2002

[604] D. バージェス，M. ボリー著，恒田高雄，大町比佐栄訳，微分方程式で数学モデルを作ろう，日本評論社，1990

7 章

[701] R. ウーズ著，河邊　宏，小笠原節夫，高橋眞一訳，地域人口分析法—地理学と人口学の接点—，古今書院，1983

[702] 河野光雄，社会現象の数理解析 II，中央大学出版部，1996

[703] 河野稠果，世界の人口【第 2 版】，東京大学出版会，2000

[704] 鈴木啓祐，人口分布の構造解析，大朋堂，1985

[705] E. トッド著，石崎晴己訳，帝国以後，藤原書店，2003

8 章

[801] 奥平耕造，都市工学読本，彰国社，1976

[802] 国土庁，昭和 54 年度国土情報利用手法開発調査，メッシュデータによる空間パターン分布把握手法開発調査，国土庁委託調査報告書，1980

[803] 腰塚武志, 栗田 治, 首都圏における施設拠点配置問題, 日本オペレーションズ・リサーチ学会春季研究発表会アブストラクト集, 1–A–3, pp. 17–18, 1984

[804] 鈴木啓祐, 人口分布の構造解析, 大朋堂, 1985

[805] Clark, C., Urban Population Density, *Journal of Royal Statistical Society, Series A*, Vol. 114, 1951

[806] Newling, B., The Spatial Variation of Urban Population Densities, *Geographical Review*, Vol.59, pp.242–252, 1969

9章

[901] 鵜飼孝盛, 栗田 治, 放射・環状道路網を有する扇形都市における移動距離の分布, 都市計画論文集, No.37, pp.43–48, 2001

[902] 栗田 治, 円盤都市における道路パターンの理論―直線距離, 直交距離ならびに放射・環状距離の分布―, 都市計画論文集, No.36, pp.859–864, 2001a

[903] 栗田 治, 東京道路網における道路距離と理論的距離, 日本オペレーションズ・リサーチ学会秋季研究発表会アブストラクト集, 1-C-7, pp.64–65, 2001b

[904] 栗田 治, 連続型重力モデルの下での距離分布の理論, 日本オペレーションズ・リサーチ学会春季研究発表会アブストラクト集, 2-C-3, pp.168–169, 2003a

[905] 栗田 治, 回転対称な人口分布の下での放射・環状距離分布―Crofton の微分方程式の円盤への新しい応用―, 慶應義塾大学理工学部管理工学科 *Technical Report*, No.2003002, 2003b

[906] 腰塚武志, 小林純一, 道路距離と直線距離, 第 18 回日本都市計画学会学術研究発表会論文集, pp. 43–48, 1983

[907] 腰塚武志, 都市平面の基礎的研究, 東京大学工学部都市工学科博士論文, 1977

[908] 腰塚武志, 都市平面における距離の分布, (谷村秀彦, 梶 秀樹, 池田三郎, 腰塚武志, 『都市計画数理』, 第 1 章, 朝倉書店), 1986

[909] 都市史図集編集委員会編，都市史図集，彰国社，1999

[910] J. ベレント著，真野明裕訳，真夜中のサバナ―楽園に棲む怪しい人びと―，早川書房，1998

[911] 松島裕久，栗田治，東京道路網に関する距離モデルの実証分析，日本オペレーションズ・リサーチ学会春季研究発表会アブストラクト集，2-C-2，pp.166–167，2003

[912] Crofton, M. W., Probability, *Encyclopaedia Britannica*, Ninth edition, Vol. 19, pp. 768–788, 1885

[913] Mathai, A. M., *An Introduction to Geometrical Probability*, Gordon and Breach Science Publishers, 1999

謝辞

　筆者が本書を執筆するに当たっては，多くの方々のご支援を頂戴しました．

　まず筆者に都市工学／都市解析の面白さをお教え下さった腰塚武志教授 (筑波大学社会工学系) にお礼を申し上げます．腰塚先生の後ろ姿から受け継ぐことができた研究する喜びは，今日の筆者の糧となっています．また筆者の大学院在学中には，モデル分析を支える論理的な思考の技術に関して，当時若き講師であられた室田一雄先生 (現在は東京大学計数工学科教授) からも多大なるご指導を頂戴しました．それは誠に得難い機会でありました．さらに筆者が慶應義塾大学管理工学科に赴任してから今日に至るまで"からくり堂主人"こと柳井　浩先生 (現在は慶應義塾大学名誉教授) が下さった懇切で的確なるご助言に深くお礼を申し上げたいと思います．本書の第1章で用いたヴェーバー問題の原理に関する物理模型のからくりは柳井先生からのプレゼントです．

　私事でありますが，筆者が研究者となるための勉学を支援し現在の研究・教育活動を影で支えてくれる家族（母の栗田ハヤミ，妻の美智代，そして2人の子供いずみと悟）にも感謝したいと思います．ありがとう．

　本シリーズの監修者である古山正雄教授（京都工芸繊維大学造形工学科）は日頃の研究に関して実り多きコメントを下さるのみならず，今回の執筆をおすすめ下さりさまざまなご助言を下さいました．ここに深甚なる謝意を表します．共立出版編集部の松永智仁氏ならびに石井徹也氏は，不慣れな筆者に執筆に関するさまざまなアドバイスを下さり，懇切なる進捗管理をして下さいました．心よりお礼申し上げます．

　最後になりますが，本書の一部は文部科学省平成15年度21世紀COEプログラム『知能化から生命化へのシステムデザイン』の補助によるものです．ここに記し謝意を表します．

索引

1階線形微分方程式, 86, 167, 176
1階の条件, 22
1次元上のヴェーバー問題, 34
1次元都市, 32
2 ラジアン, 164

Clark 型分布, 56
Clark の式, 137, 138, 142, 146, 151

Hotelling の方法, 112

Location-Allocation 問題, 47

Mathematica, 49, 97

Newling の式, 137, 142

Recti-Linear 距離, 40

Sherratt-Tanner の式, 137, 140, 142

アルフレート・ヴェーバー, 14

一極集中型, 136

ヴェーバー点, 19, 25, 32, 41
ヴェーバー模型, 20
ヴェーバー問題, 14, 17, 22, 32, 51

エートス, 11, 15
エネルギー最小原理, 28
エレベータ・ホール, 87
鉛直線算法, 50
円盤都市, 56, 161

オカルト, 154
奥平耕造, 12
奥平のエレベータ断面積モデル, 83, 84
オート・クチュール, 6
オフィスワーカー1人当たりのコスト, 88

回転対称, 137
ガリヴァー旅行記, 3
カールスルーエ, 158
カールスルーエ距離, 163
観察・整理, 6

基軸道路パターン, 181
休日診療所, 61
京都, 156
居住空間, 82
距離の特性値, 182
距離分布, 39, 69
距離分布公式, 67, 80
近代的合理主義, 154
近隣住区論, 11

クロフトンの微分方程式, 155, 167, 170, 171, 176, 183

計算幾何学, 49

工業立地論, 14
格子状道路パターン, 40, 156, 158
高層ビル, 92
交通路の空間, 82
公平さ, 37, 42
コーホート, 124

コーホート要因法, 122, 124
ゴンペルツ曲線, 104
コンベンショナル・ゾーニング方式, 93

最近隣距離, 48
埼玉県川越市の人口, 116
最適デッキ高, 78
札幌, 156

敷地計画, 181
指数的成長曲線, 101
施設配置モデル, 17
渋谷西武百貨店, 72, 74
社会移動, 128
社会的コスト, 42
人口スプロール, 145
人口ピラミッド, 96, 122, 129
人口分布, 134
人口密度, 144
人口密度データ, 136

数理モデル, 5, 7

生存率, 124
聖路加タワー, 72, 75
世界人口, 114
線形最小二乗法, 138, 143

ソフトなインフラストラクチャー, 96

男女別・5歳階級別人口, 124
断面交通量, 85

地域残留率, 125, 131
地域人口メッシュデータ, 137

地域メッシュ統計, 135, 144
力の釣り合い, 19, 20
直線距離, 16, 161, 162, 181, 182
直線距離の分布, 167
直交距離, 40, 162, 163, 181, 182
直交距離の分布, 172
地理的最適化問題, 62

定式化, 7
定数項つきゴンペルツ曲線, 108
定数項つき指数曲線, 106
ディベロッパーの利益, 90
点位置決定問題, 50
田園調布, 159

東京圏, 136
東京都の人口, 117
等高線図, 28
道路距離, 183
道路網, 154
都市工学, 10
都市施設, 16
都市発展の歴史, 144
ドーナッツ現象, 142
トレンド法, 98, 129

日本の人口, 115
ニュートン法, 24, 51

ハードなインフラストラクチャー, 96
バブル経済, 118
パルマノヴァ, 158
万有引力のモデル, 3

非線形最小二乗法, 110

非線形最適化問題, 139, 140, 143
ビル間デッキ, 72

封鎖人口, 124
複数施設のミニサム型配置問題, 52, 62
複数施設のミニマックス型配置問題, 54, 62
物理的模型, 18
プレタ・ポルテ, 6

平均距離, 148, 182

放射・環状, 154, 159, 160
放射・環状道路パターン, 158
放射・環状メトリックのマジック・ナンバー, 164
放射セクター, 145
ボロノイ図, 45, 48
放射・環状距離, 162, 163, 181, 182
放射・環状距離分布, 175, 176

マックス・ヴェーバー, 14, 134
マルサスの法則, 101, 103

マンハッタン, 156
マンハッタン距離, 40, 163

ミニサム型施設配置, 42
ミニサム型施設配置問題, 14, 22, 32
ミニマックス型施設配置, 37, 42
ミニマックス型施設配置モデル, 32
ミニマックス型施設配置問題, 38

メディアン（中央値）立地の原理, 37

モデル分析, 2, 3, 5

ヤコビアン, 147

ユートピア, 6

螺旋的展開, 8

ル・コルビュジエ, 156

連絡通路, 64, 66

割り当て, 44

栗田 治　くりた おさむ

1960年　広島生まれ
1983年　筑波大学社会工学類都市計画専攻卒業
1989年　筑波大学大学院博士課程社会工学研究科
　　　　都市・地域計画学専攻修了
1990年　東京大学工学部都市工学科助手
1992年　慶應義塾大学理工学部管理工学科専任講師
1996年　同助教授
2002年　同教授
　　　　学術博士

著書
最適設計ハンドブック−基礎・戦略・応用−(朝倉書店)(分担).
建築最適化への招待(日本建築学会)(分担).
サステナブル生命建築(共立出版)(分担).

造形ライブラリー05
都市モデル読本

2004年4月10日　初版第1刷発行
2023年2月25日　初版第9刷発行

著　者　　栗田 治
発　行　　共立出版株式会社／南條光章
　　　　　東京都文京区小日向4-6-19
　　　　　電話　03-3947-2511(代表)
　　　　　〒112-0006／振替口座00110-2-57035
　　　　　www.kyoritsu-pub.co.jp
印　刷　　(株)加藤文明社
製　本　　ブロケード

© 栗田 治　2004　　　検印廃止
Printed in Japan　　　NDC 518. 11, 514. 1
　　　　　　　　　　ISBN 978-4-320-07680-8

JCOPY <出版者著作権管理機構委託出版物>
本書の無断複製は著作権法上での例外を除き禁じられています。複製される場合は、そのつど事前に、出版者著作権管理機構(TEL：03-5244-5088, FAX：03-5244-5089, e-mail：info@jcopy.or.jp)の許諾を得てください。

一般社団法人
自然科学書協会
会員